JN185894

太陽系（たいようけい）のふしぎ

～プラネタリウム解説員が答える 身近な宇宙のなぜ～

109

監修／髙柳雄一　多摩六都科学館 館長
著／永田美絵　コスモプラネタリウム渋谷 解説員
写真／八板康麿　写真家　ほか

偕成社

はじめに

みなさんは、宇宙や星が好きですか？　わたしは大好きです。
小さいころ、わたしは、家の近くの高台から一番星をさがしたり、
月が形や位置を変えていくのをふしぎに思って、夜空を見上げたりしていました。

「太陽はいつできたの？」「地球はなぜ青いの？」「流れ星ってなに？」
などと、みなさんも一度は疑問に思ったことがあるでしょう。

星は手に取れませんが、人間は昔から、星に少しでも近づこうと努力をしてきました。
とくに惑星は、夜空で目立ってかがやくため、古代から動きを観測されたり、
望遠鏡で表面のようすを調べられたり、さらには探査機を送られたりしてきました。
そのようにして少しずつ、太陽系の惑星のなぞが解きあかされてきたのです。

この本は、『星と宇宙のふしぎ109』の続編として、太陽系について書きました。
太陽系を知ることは、わたしたちのすむ地球を知ることでもあります。
みなさんは、地球のとなりにある惑星、金星を知っていますか？
となりといっても、金星と地球は、まったくちがう環境の星です。
でも、誕生したての金星と地球は、じつは、同じような環境の星でした。
ところが、太陽からの距離のちがいや、そのほかの偶然がいくつもかさなって、
地球は今、生命があふれる、すばらしい惑星になりました。

この本を読んで、みなさんは、「太陽系の惑星って、それぞれちがっておもしろいね」
「この惑星はふしぎだね」などと思うことでしょう。

そんなときは、あらためて、地球のことを考えてみてください。
地球にある水や空気は、わたしたち人間にとっては、なくてはならない大切なもの。
しかし、その大切なものは、宇宙では、けっして、あたりまえではないのです。
そう考えると、あらためて、「地球に生きているって、すばらしい」と思うはずです。

みなさんも、夜空を見上げて、ふしぎなことをたくさん見つけてください。
そのふしぎが増えるほど、みなさんの「心の中の宇宙」も大きくなっていくはずです。
この本が、みなさんの心を大きく大きくひらく、お手伝いになればと思います。

コスモプラネタリウム渋谷 解説員　**永田美絵**

小学生のとき。寒い冬の夜、外で毛布にくるまり、満天の星空を見上げていると、
たくさんの星のなかに、あまり瞬かない、明るい星がかがやいていました。
その星に望遠鏡を向け、のぞいてみると、まっ暗な夜空のなか、さびしそうに、
ぽつんと一つだけ明るくかがやき、ドーナツ状のリングがかかっていました。
その星の正体は土星です。このとき、ぼくは、とても感動したのをおぼえています。

その後、土星が太陽のまわりを回る、地球と同じ太陽系の惑星の一つだと知り、
「ほかにはどんな惑星があるんだろう？」「月の表面はどうなっているんだろう？」など、
つぎつぎと出る疑問から、いろいろな惑星や月面に望遠鏡を向けるようになりました。

1969年、人類がはじめて月に降り立ったのを、宇宙からのテレビ中継で見ました。
ぼくの目は、月面の世界にくぎづけになり、太陽系や宇宙への疑問は増すばかり。
そして、ぼくは、そのまま大人になって、星や宇宙を撮る写真家になりました。

2006年、それまで太陽系の第9惑星とされていた冥王星は、準惑星になりました。
2015年7月、アメリカの探査機「ニューホライズンズ」が接近、その地表には、
ハートの形の領域が見え、はじめて見る鮮明な冥王星の姿におどろかされました。
望遠鏡や探査機で、太陽系の惑星たちの姿が、つぎつぎと明かされていきます。

地球の衛星である月は、地球に影響をおよぼし、それは身近なところで見られます。
その一つが、潮の満ち干です。静岡県の堂ヶ島で撮影をしていたときのこと。
200mほど沖に、近いほうから順に、伝兵衛島、中ノ島、沖ノ瀬島、高島という、
4つの島があります。島には、船を使わないと行くことができないはずですが……
伝兵衛島の方向をしばらく見ていると、海面が少しずつ左右に引いていき、
なんと海が割れ、島へまっすぐにのびる、砂利の道がゆっくりとあらわれてきました。
それはまるで、映画「十戒」のなかに出てくる、長い白ひげをたくわえたモーセが、
つえを振りあげると、紅海がまっ二つに割れ、道があらわれるシーンにそっくり！
これなら、足をぬらさずに、伝兵衛島まで歩いて渡ることができますね。

みなさんも、海に行って、自分の目で潮の満ち干を見てみてください。
少し時間はかかりますが、太陽系のふしぎさを感じることができるかもしれませんよ。

写真家　八板康麿

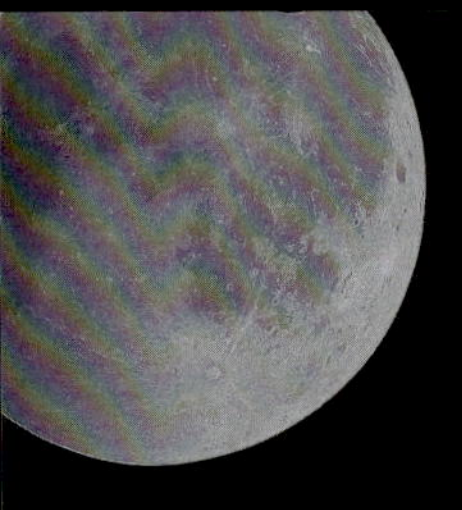

太陽系のふしぎ 109
もくじ

第1章　太陽と太陽系のふしぎ—6

第2章　地球と月のふしぎ—22

第3章　太陽系惑星のふしぎ—42

第4章　すい星と小惑星のふしぎ──72

第5章　惑星探査のふしぎ──92

第6章　身近な天体観測のふしぎ──118

第1章 太陽と太陽系のふしぎ

わたしたちがくらしている地球は、太陽のまわりを回っているよ。
太陽のまわりには、地球のほかにもいくつかの惑星が回っていて、
太陽系という集まりをつくっている。
地球がある太陽系は、どんなところなのか、
そして、太陽はどんな星なのか、まずはさぐっていこう。

太陽を背景に、左から木星、土星、天王星、海王星をならべてみた。太陽の巨大さがわかる。　画像提供：NASA

地球から見上げる太陽。まるい形が見えないほど、強い光を放っている。　写真提供：八板康麿

Q1. 太陽系はいつ、どうやって生まれたの？

太陽系が生まれたのは、今から46億年ほど前だといわれているよ。
太陽は「恒星」といって、自分でかがやいている星だ。恒星は重いガスやちりが集まって生まれる。ちりというのは、ケイ素や炭素、鉄などの小さな粒のこと。宇宙空間をただようガスやちりが、なにかのきっかけで回りはじめると、重さの重い物が集まり、かたまりになる。これが、太陽のもとになる「原始太陽」だ。原始太陽にならなかった軽いガスとちりは、原始太陽のまわりに円盤状にひろがる。そして、合体したり、こわれたりしながら回りつづけて、「微惑星」とよばれる小さなかたまりになる。そして、これらの微惑星が、さらに衝突をくりかえして大きくなったものが、「原始惑星」だ（→Q13）。
さらに、その原始惑星どうしが衝突してできたのが「惑星」で、太陽に近いところには、地球のように、岩石や金属などが集まった惑星ができた。太陽から遠い場所では、氷やガスが集まった惑星になった。
太陽系は、約1000万年かけてできたと考えられている。今も太陽系のはしのほうには、惑星にならなかった小天体がたくさんひろがっている「エッジワース・カイパーベルト」と「オールトの雲」があるよ（→Q69）。

10万光年

M13

ω星団

天の川銀河

1万光年

太陽系

理論をもとに、コンピュータのソフトで描いた「天の川銀河」の姿。地球のある太陽系は、銀河の中心からはなれたところにあり、銀河の回転とともに宇宙の中を移動している。赤い線は太陽系の中心からの距離。画像作成ソフト：Mitaka（加藤恒彦、国立天文台４次元デジタル宇宙プロジェクト）

Q2. 太陽系は、宇宙のどこにあるの？

夜空には、たくさんの星が見えているね。これらの星は、太陽系のなかの惑星を除いては、太陽と同じように、自分で光りかがやいている恒星だよ。

太陽は、「銀河」という数千億個もの恒星の集まりの一員だ。わたしたちのすんでいる銀河は、どら焼きのような円盤型で、あまり厚みがない。上から見ると、うずを巻いている円に見えるけど、横から見ると棒のようだ。そのため、銀河の中にいるわたしたちからは、川が流れているように見える。そう、空に見える「天の川」は、わたしたちのすむ銀河を、内側から見たものなんだ。

わたしたちのいる銀河は、「天の川銀河」と名づけられていて、はしからはしまで移動すると、光速（1秒間に30万km進む光のスピード）でも約10万年かかる（10万光年）ぐらい大きい。太陽系は、その天の川銀河の中心から約2万6000光年ほどはなれた場所に位置しているよ。

でも、宇宙は広くて、天の川銀河と同じような銀河が数千億以上もあるんだ。天の川銀河は、そのたくさんの銀河のなかまとともに「局部銀河群」という銀河の集まりをつくっている。もし、地球の住所を書くとすれば、「宇宙 局部銀河群 天の川銀河 太陽系 第３惑星 地球」となるよ。

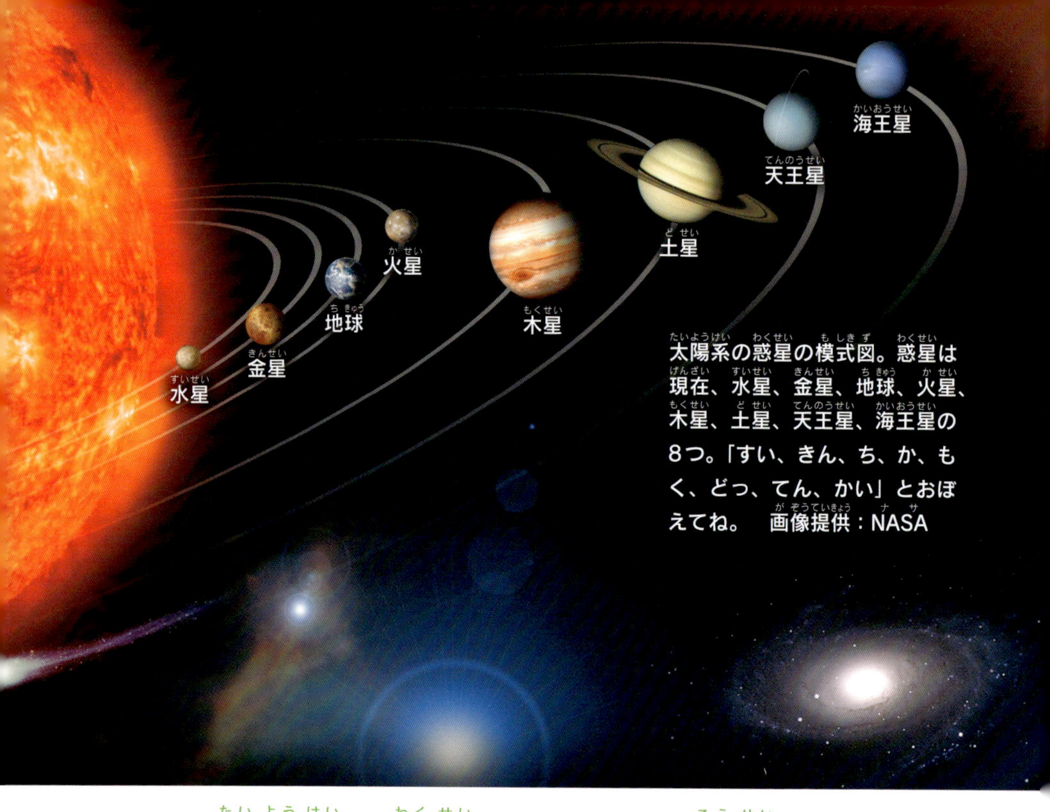

太陽系の惑星の模式図。惑星は現在、水星、金星、地球、火星、木星、土星、天王星、海王星の8つ。「すい、きん、ち、か、もく、どっ、てん、かい」とおぼえてね。　画像提供：NASA

Q3. 太陽系の惑星のメンバー構成は？

太陽の力がおよぶ範囲のすべては、太陽系にふくまれる。
太陽系の惑星は8つ。太陽に近いほうから、水星、金星、地球、火星、木星、土星、天王星、海王星だ。2006年まで惑星だった冥王星は、今は「準惑星」となっている。また、2016年には、9つ目の惑星があるのではないか、という発表があった。この惑星は、海王星の約20倍も遠くにあり、太陽のまわりを1万〜2万年かけて回っているという。だから、確認するのも大変なんだけど、もしかしたら数年後には、太陽系に新しいメンバーがくわわるかもしれないね。
惑星以外の星もある。「衛星」は惑星のまわりを回る星だ。地球の衛星は月。水星と金星には衛星はないけれど、火星にはフォボスとダイモスの2つの衛星がある。木星には67個の衛星がある。その代表は、イオ、エウロパ、ガニメデ、カリストの4つ。17世紀のイタリアの天文学者ガリレオ・ガリレイが発見したので、「ガリレオ衛星」とよばれているよ。土星の衛星は65個。天王星には27個、海王星には14個。衛星は、これからも増えるかもしれないんだ。
「小惑星」とよばれる、もっと小さい天体もある。火星と木星の間には「小惑星帯」があって、小惑星探査機「はやぶさ」が行ったイトカワも、ここにある。

おうし座にある、プレアデス星団。日本では「すばる」という名前でも知られる。数百個の恒星の集まりで、肉眼でも5～7個の恒星が見られる。プレアデス星団は約6000万年前に生まれた。光が青白いのは、わりあい若い星であることを示している。　写真提供：八板康麿

Q4. 太陽にきょうだいがいるって、ほんと？

ガスやちり（→Q1）が集まって恒星が生まれるとき、1つだけ生まれることはない。「星団」といって、一度にたくさんの星が生まれることがわかってきた。星団の星は、生まれたあとで数億年をかけて、宇宙に散らばっていくんだって。太陽も、約1000個の星といっしょに生まれたらしい。今はひとりぼっちだけれど、昔はたくさんの「きょうだい」がいたんだね。太陽は生まれて46億年もたっているため、きょうだいは、すでに宇宙に散らばってしまった。

でも、太陽のきょうだいを、広い宇宙のなかから見つける方法があるんだよ。まず、太陽の軌道を調べて、どのあたりにきょうだいがいそうか予測を立てる。それから、その近くで、太陽と同じような成分の星をさがすんだ。

2013年12月19日、ESA（欧州宇宙機関）の天文観測衛星「ガイア」が打ち上げられた。ガイアは、5年かけて10億個もの星を調べて、宇宙の立体的な地図をつくることになっている。もしかすると、太陽のきょうだいも見つかるかもしれないね。きょうだいが見つかれば、そのまわりの惑星には、地球のような星もあるかもしれない。太陽のきょうだいをさがすことは、地球の親せきをさがすことでもあるんだよ。

コラム

太陽系のメンバーの自己紹介

太陽系には、太陽を中心に8つの惑星が回っている。どれも、太陽といっしょに約46億年前にできた、きょうだいのような惑星だけど、それぞれにちがう特徴をもっている。太陽から順番に紹介するね。

写真提供：NASA

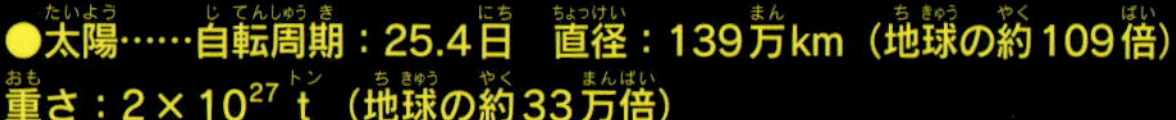

●太陽……自転周期：25.4日　直径：139万km（地球の約109倍）
重さ：2×10^{27} t（地球の約33万倍）

巨大なガスのかたまりで、水素とヘリウムが集まってできている。とても重力が強く、中心部では重力で引きよせられた水素と水素が衝突して巨大なエネルギーが発生している。そのエネルギーで光りかがやいているんだ。約46億年前に誕生した恒星で、あと50億年は、今と同じようにかがやきつづけると考えられているよ。

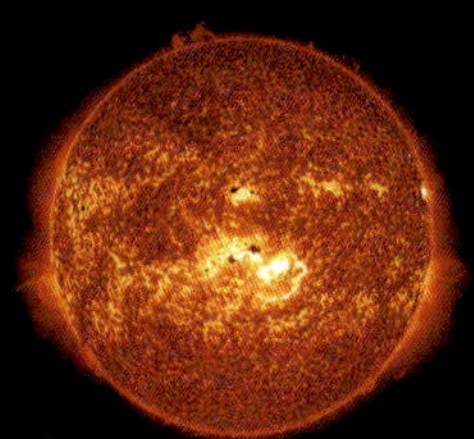

太陽●ガスのかたまりで、かたい地面はないんだ。

●水星……公転周期：88日　自転周期：58.65日　衛星：0個
直径：4879km（地球の約5分の2）　重さ：地球の約18分の1
太陽からの距離：5790万km（地球と太陽の距離の約5分の2）

太陽系の惑星のなかで、もっとも小さい。昼間は気温が400℃もあるけれど、夜明け前は下がって－160℃にもなる。岩石でできていて、表面にはクレーターがたくさんあるよ。公転速度が速いのも特徴だ。英語の名前は「マーキュリー」だよ。

水星●クレーターは、微惑星がたくさん衝突してできたよ。

●金星……公転周期：225日　自転周期：243日　衛星：0個
直径：1万2104km（地球とほぼ同じ）　重さ：地球の約5分の4
太陽からの距離：1億820万km（地球と太陽の距離の約4分の3）

岩石でできていて、大きさや重さは地球とほぼ同じ。そのため、地球の「ふたご星」とよばれているよ。濃硫酸の雲が二酸化炭素を閉じこめていて、気温は450℃もある。でも、その雲が太陽の光を反射するので、明るく見える。英語の名前は「ビーナス」だよ。

金星●濃硫酸の雲のおかげで光って見えるよ。

●地球……公転周期：365日　自転周期：24時間　衛星：1個
直径：1万2756km　重さ：59兆8000億t
太陽からの距離：1億5000万km

岩石でできているけれど、表面の70%は海でおおわれているよ。地球は太陽との距離がほどよくて、暑すぎず、寒すぎない。それなりに大きくて、水をとどめておくだけの重力もある。だから生命がくらしているんだ。衛星は1個で「月」とよばれているよ。

地球●青く見えるのは、海があるからだよ。

火星●水が流れた跡が見つかっているよ。

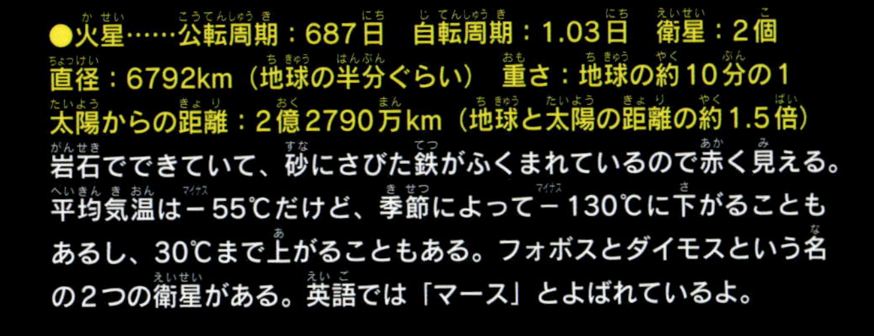

●火星……公転周期：687日　自転周期：1.03日　衛星：2個
直径：6792km（地球の半分ぐらい）　重さ：地球の約10分の1
太陽からの距離：2億2790万km（地球と太陽の距離の約1.5倍）

岩石でできていて、砂にさびた鉄がふくまれているので赤く見える。平均気温は－55℃だけど、季節によって－130℃に下がることもあるし、30℃まで上がることもある。フォボスとダイモスという名の2つの衛星がある。英語では「マース」とよばれているよ。

木星●表面のしま模様が特徴だね。

●木星……公転周期：11.86年　自転周期：10時間　衛星：67個
直径：14万2984km（地球の約11倍）　重さ：地球の約318倍
太陽からの距離：7億7830万km（地球と太陽の距離の約5倍）

太陽系で最大の惑星だけど、ほとんどが水素とヘリウムでできているガス惑星だ。表面の温度は－144℃。衛星は67個で、イオ、エウロパ、ガニメデ、カリストの4つが有名。目立たないけれど環もあるんだ。英語では「ジュピター」とよばれているよ。

土星●自転速度が速いので、少しつぶれて見えるよ。

●土星……公転周期：29.5年　自転周期：10.6時間　衛星：65個
直径：12万536km（地球の約10倍）　重さ：地球の約95倍
太陽からの距離：14億2940万km（地球と太陽の距離の約9.6倍）

木星の次に大きくて、やはりほとんどが水素とヘリウムでできているガス惑星だ。表面の温度は－180℃。衛星は65個で、もっとも大きいタイタンには、生命が誕生する前の地球と同じような成分の大気があるんだ。英語では「サターン」とよばれているよ。

天王星●この写真には写っていないが、環をもっている。

●天王星……公転周期：84年　自転周期：17時間　衛星：27個
直径：5万1118km（地球の約4倍）　重さ：地球の約15倍
太陽からの距離：28億7500万km（地球と太陽の距離の約19倍）

アンモニア、水、メタンがまじったガスでできていて、内部は凍りついている。地軸が約90度横にたおれているのが、ほかの惑星とは大きくちがう特徴だ。目立たないけど環もあるんだ。表面の温度は－200℃。英語では「ウラヌス」とよばれているよ。

海王星●青いのは、メタンが赤い光を反射しにくいためだ。

●海王星……公転周期：164.8年　自転周期：16時間　衛星：14個
直径：4万9528km（地球の約3.9倍）　重さ：地球の約17倍
太陽からの距離：45億440万km（地球と太陽の距離の約30倍）

天王星と同じようにアンモニア、水、メタンが混じったガスでできていて、内部は凍りついている。目立たないけど環もある。表面の温度は－220℃。英語では「ネプチューン」とよばれているよ。

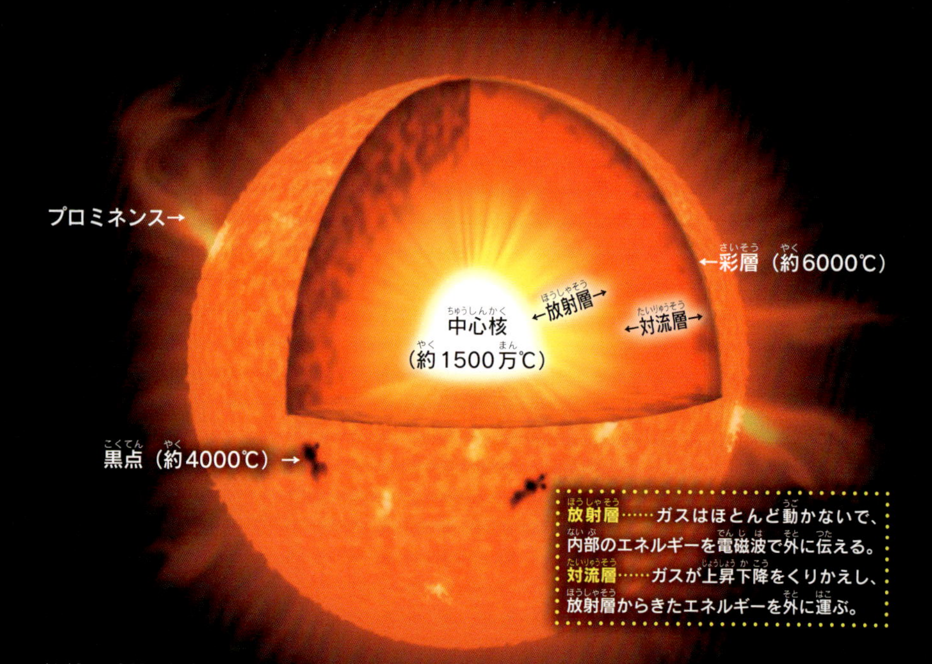

太陽の構造。太陽は、おもに水素とヘリウムのガスでできている。直径は約139万kmで、地球の109倍。巨大なため、重力が強く、中心ではその重みによって核融合が起こっている。そのエネルギーが放射層と対流層を通して表面に伝わっている。　イラスト提供：加藤愛一

Q5. 太陽の表面では、なにが起きているの？

太陽の表面の温度は、およそ6000℃。日本の太陽観測衛星「ひので」(→Q9)がとらえた画像を見ると、太陽の表面は「彩層」という、うすいガスの層でおおわれていて、かがやいていることがわかるよ。太陽の観測用につくられた「太陽望遠鏡」で見てみると、彩層の中にあわのような模様が見える。これは「粒状斑」といって、下からわき上がってくる熱いガスの流れが、粒のような模様に見えるもの。1つの粒状斑の直径は1000kmほどもあるんだって。

表面ではときどき、「フレア」という大爆発が起こる。大爆発は数分でおわることもあれば、数時間続くこともある。そのときに立ち上がる炎のことは「プロミネンス」という。プロミネンスは、太陽の中で動いている高温のガスのかたまりが噴き出したもの。高さは、高いものだと地球15個分にもなるんだよ。

表面に見える黒っぽい部分は、「黒点」という（→Q7）。1つの黒点は1週間から数か月で消えていくのだけど、黒点の数そのものは、11年周期で増えたり減ったりする。つまり太陽は、11年周期で活動しているというわけだ。

地上から見上げる太陽は、暖かで、おだやかに見える。でも実際は、とてもはげしく活動している星なんだね。

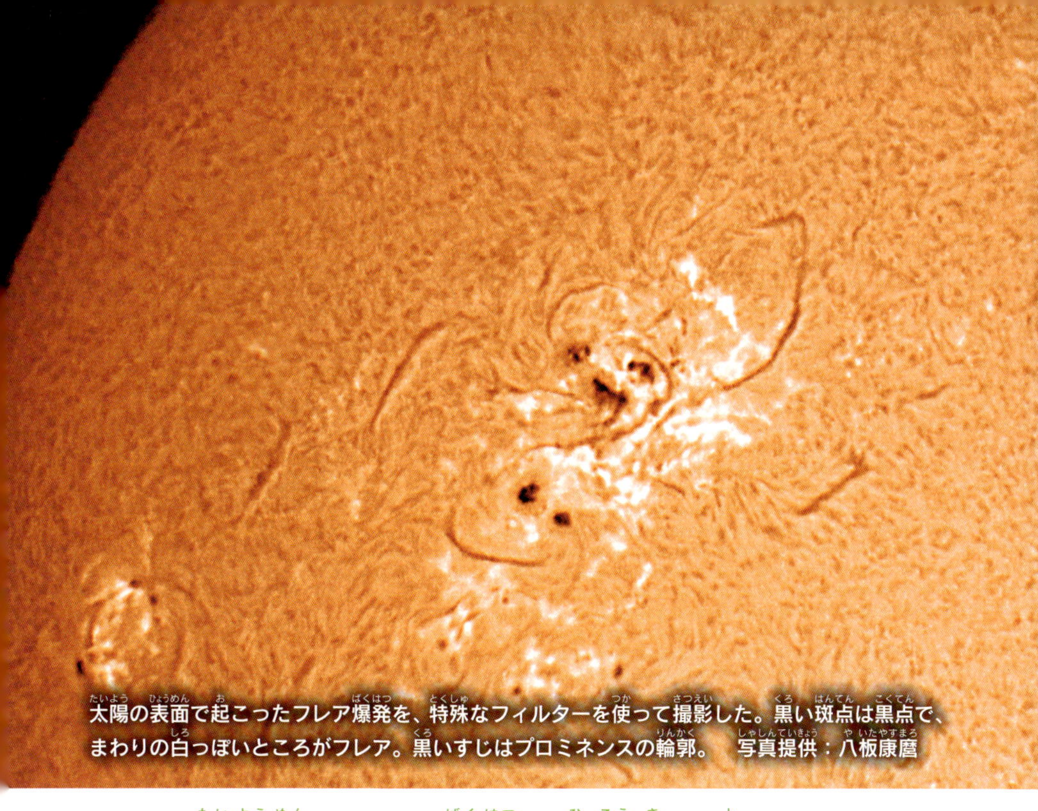

太陽の表面で起こったフレア爆発を、特殊なフィルターを使って撮影した。黒い斑点は黒点で、まわりの白っぽいところがフレア。黒いすじはプロミネンスの輪郭。　写真提供：八板康麿

Q6. 太陽面のフレア爆発で飛行機が飛べなくなる？

地球は、太陽から約1億5000万kmもはなれているけれど、フレアとよばれる大爆発が起こると、地球にも影響がでるよ。

地球の上空約500kmまでのところには、「電離層」という電気を帯びた空気の層がある。電離層は電波を反射する層で、うまく使うと遠くまで電波を伝えられる。たとえば、短波放送が地球の反対側まで届くのは電離層のおかげなんだ。

一方、太陽からは、ふだんから「太陽風」という磁気や電気を帯びたガスが噴き出しているんだけれど、フレアが起こると太陽風が強くなりすぎて、電離層を乱してしまう。そうすると電波の反射がうまくいかなくて、電波が遠くまで届かなくなってしまう。このことを「デリンジャー現象」というよ。電波が伝わらないと、人工衛星や飛行機、船などの無線が使えない。そんな状態で飛行機を飛ばすのは危険だし、遠洋に出る船も、安全な航海ができなくなるよね。

また、太陽風には放射線もふくまれる。宇宙ステーションなどで船外活動をしているときにフレアが起こったら、宇宙飛行士は強い放射能をあびてしまう。そこで最近は、太陽活動の周期や太陽の表面の変化を観測して、フレアが起こりそうかどうかなどを伝える「宇宙天気予報」（→Q10）がおこなわれているよ。

2014年1月4日の太陽黒点。

2014年1月6日の太陽黒点。

2014年1月8日の太陽黒点。

写真提供：八板康麿

Q7. 太陽も地球のように自転しているの？

そう、自転しているよ。そのことは、黒点を観察することでわかったんだ。黒点は、太陽の表面に見える黒いほくろのような部分。太陽の表面温度は約6000℃だけど、黒点は約4000℃と低いため、黒く見えるんだ（→Q5）。温度が低いのは、ここからたくさんの磁力が出ていて、熱が伝わりにくいからだよ。黒点は、あらわれたり消えたりするけれど、大きなものは何日も消えない。そのような黒点を観測したところ、毎日少しずつ東から西へ動いていた。さらに調べたところ、これは黒点自身が動いているのではなく、太陽そのものが自転しているためであることがわかったんだ。

太陽の自転速度は、平均で27日。「平均」というのは、太陽はガスでできている星なので、場所によって回転速度がちがうからだ。たとえば中央の赤道付近だと約25日、はしのほうの極付近では約31日。赤道付近のほうが速いんだね。

太陽の光は強いから、直接見ると、目を傷めてしまう。ぜったいに肉眼で太陽を見たらだめだよ。日食を観察するときにも、かならず日食グラスを使うこと。もし、望遠鏡や双眼鏡で見る場合には、専用のフィルターをつけたり、太陽投影板に映したりしてね（→Q94）。

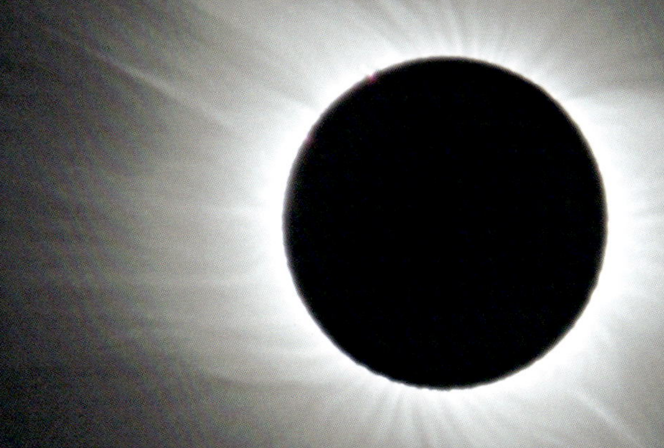

エジプトで見られた、皆既日食のときのコロナ。　写真提供：八板康麿

Q8. 太陽のコロナが見えるときがあるって、ほんと？

「コロナ」というのは、太陽の表面の彩層（→Q5）をとりまく、電気を帯びた大気のことだ。温度は100万～200万℃。表面の温度が約6000℃なのに、コロナの温度はとてつもなく高い。この理由はわかっていないんだけど、太陽観測衛星「ひので」の観測をもとに（→Q10）、そのなぞが解けるかもしれないよ。
コロナは、太陽の上空数百万kmまでひろがっている。ふだんは太陽の光が強すぎてかき消されてしまっているけれど、「皆既日食」のときは見られるんだ。皆既日食というのは、太陽がすっかりかくされてしまう日食のこと（→Q94）。太陽のまん前に月がきて、太陽の光をさえぎるので、昼間でも暗くなる。そうすると、太陽のまわりのコロナが見えるんだ。暗くなった太陽のふちから、あわく光りかがやくコロナがひろがるようすは、とても神秘的。なかなか起こらない現象だけど、ぜひ見てほしいな。
次に日本で皆既日食が見られるのは、もっとも早くて2035年9月2日。見られる場所は本州の中央付近で、石川県から茨城県をむすんだ線の近くで見られるよ。その次は、2042年4月20日で、小笠原諸島の鳥島あたりで見られる。コロナは、ほんとうにきれい。観察できたら、一生心に残るはずだよ。

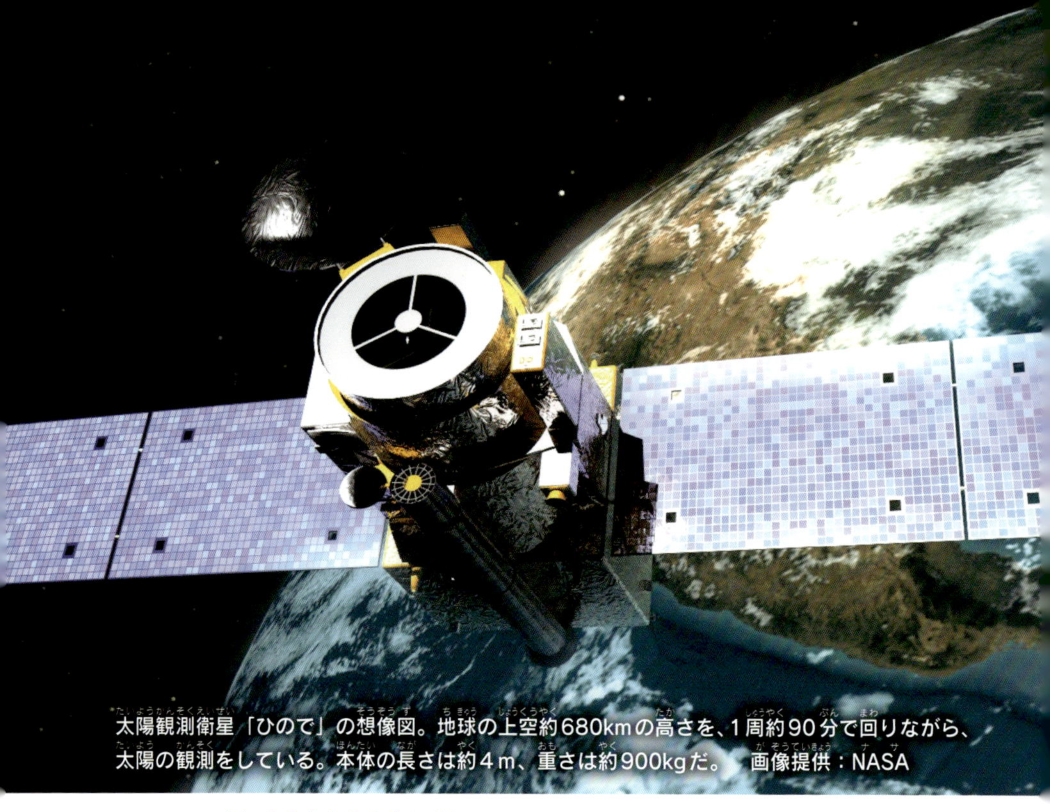
太陽観測衛星「ひので」の想像図。地球の上空約680kmの高さを、1周約90分で回りながら、太陽の観測をしている。本体の長さは約4m、重さは約900kgだ。　画像提供：NASA

Q9. 太陽観測衛星「ひので」は、どんな衛星？

「ひので」（SOLAR-B）は、日本で3台目の太陽観測衛星で、2006年9月23日午前6時36分に、鹿児島県の内之浦宇宙空間観測所から打ち上げられた。日本の観測衛星だけれど、開発には、アメリカやイギリス、ノルウェーなどの12の天文台や研究所、大学も参加し、1台目の「ひのとり」、2台目の「ようこう」よりも性能の高い観測装置を3つも積んで、太陽の秘密を解きあかすために、宇宙に飛び立った。

観測装置の1つ目は、目に見える光を使う「可視光・磁場望遠鏡」。この望遠鏡では、黒点をはじめとする太陽の表面の磁場の強さなどを調べている。また、音波を使って、直接見ることのできない内部のようすもさぐる。

2つ目は「X線望遠鏡」。太陽のコロナは、X線を放射している。でも、X線は地球の大気に吸収されてしまうので、地上では観測できない。そこで、宇宙空間に専用の望遠鏡を持っていくことにしたんだ。

3つ目は「極端紫外線撮像分光装置」。太陽の光を色別にして大気を観測することで、表面では約6000℃の熱が、コロナの上のほうでは200万℃にも上昇するなぞを解明しようとしているよ。

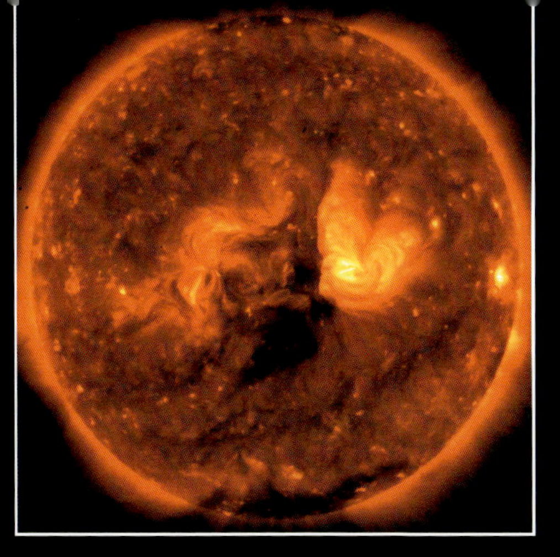
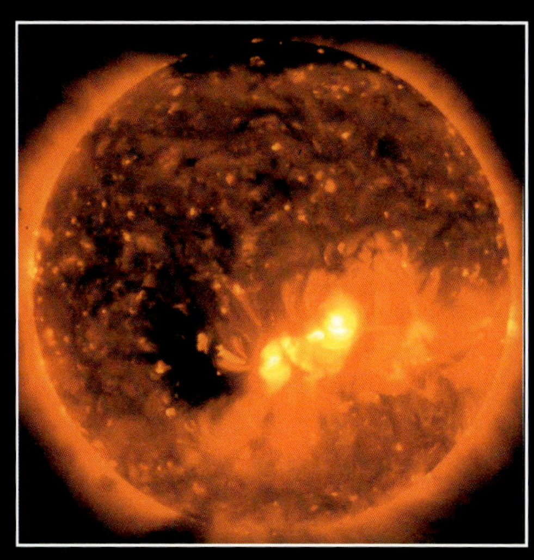

太陽観測衛星「ひので」がX線望遠鏡で撮影した太陽。表面では、はげしい変化が起こっていることがよくわかる。明るく見えているのが活動領域。　写真提供：国立天文台／JAXA

Q10. 太陽の活動で新しくわかったことは？

太陽観測衛星「ひので」は、わたしたちが今まで見たこともない太陽の写真を、つぎつぎと送ってきた。フレアの爆発、コロナや黒点の活発な活動、噴き出るガスなど、どれも圧倒されるような迫力だ。

X線望遠鏡では、「太陽X線ジェット」というガスの観測をおこなった。このガスは、X線だけでとらえることのできるもの。以前の太陽観測衛星「ようこう」でも観測していたけれど、「ひので」の高性能の望遠鏡によって、今までより低温のガスもとらえることができるようになった。その結果、太陽X線ジェットの発生が、どの部分に多いかが、より正確にわかったんだ。

「ひので」は、写真といっしょに温度や磁力線の強さなど、さまざまな数値も集めている。これらのデータは、日本だけでなく、世界の国々で広く研究に使われる。とくに期待されているのは、データを「宇宙天気予報」に活用することだ。「宇宙天気」というのは、地球のまわりの宇宙環境の変化のこと。たとえば、フレアが爆発したら、宇宙船の外で活動している宇宙飛行士の生死にかかわるし、地球の電波が乱れることもある。そのような太陽の変化を、より正確に予測する基礎づくりに役立つデータを、「ひので」が集めているんだよ。

オーストラリアの夜空にかがやく「天の川」。天の川は、わたしたちのいる太陽系が属している銀河の一部だ。　写真提供：八板康麿

Q11. 太陽系のはしっこは、どうなっているの？

太陽系のなかで、太陽からもっとも遠いところにある惑星は海王星だけど、太陽系は、もっとずっと外側までひろがっている。そのような遠いところにある太陽系の天体のことを、「太陽系外縁天体」とよぶ。

2006年に惑星から準惑星になった冥王星も、太陽系外縁天体の一つだ。

冥王星の先の、地球と太陽との距離（約1億5000万km）の30～50倍のところには、「エッジワース・カイパーベルト」というところがある。

エッジワース・カイパーベルトは、太陽系をドーナツ状に取りかこんでいる場所で、現在までに1000個以上の天体が発見されている。

そして、さらにその外側の、地球と太陽との距離の1万～10万倍のところには、太陽系全体を球のようにつつみこんでいる「オールトの雲」がある（→Q69）。

地球からの探査機で、現在、もっとも遠くまで到達しているのは、1977年にNASA（アメリカ航空宇宙局）が打ち上げた「ボイジャー1号」だ。「ボイジャー1号」は、エッジワース・カイパーベルトを抜け、「太陽圏」も抜けた。太陽圏の外は、太陽から吹いてくる「太陽風」も届かない遠い場所。でも、オールトの雲を経て、太陽系の外に出るには、さらに3万年以上かかるというよ。

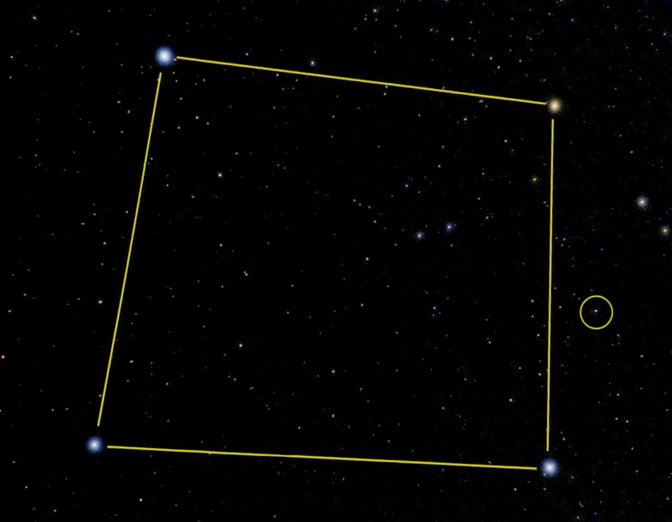

「秋の四辺形」（□）と「ペガスス座51」（○内）。ペガスス座51は、地球から約50光年の距離にある恒星だ。この星のまわりには、人類がはじめて発見した「ペガスス座51b」とよばれる惑星が回っている（→Q24、Q56）。　写真提供：八板康麿

Q12. 太陽系のようなものは、ほかにも宇宙にある？

太陽系の外には、太陽のように自分でかがやいている恒星が数千億個以上ある。そして、それぞれの恒星のまわりには、太陽系と同じように、多くの惑星があると考えられている。昔は、恒星はさがせても、そのまわりの惑星はかがやかないので、発見はむずかしいと思われていた。でも今は、望遠鏡の性能がよくなって、恒星と惑星のわずかな明るさのちがいを利用する「トランジット法」（→Q55）で、太陽系以外の惑星もつぎつぎに発見されるようになったんだ。1995年、はじめて見つかった系外惑星が「ペガスス座51b」（→Q24、Q56）。その後、2009年に、NASA（アメリカ航空宇宙局）が打ち上げた「ケプラー宇宙望遠鏡」は、太陽系以外にある惑星を1000個以上も発見した。そのなかには、地球のように水や空気がある可能性のある惑星もたくさんあるんだって。地球のように、恒星からほどよい距離にあり、生命が生きやすい条件がととのった場所を「ハビタブルゾーン（生命生存可能領域）」という。ハビタブルゾーンにある系外惑星として最初に見つかったのは、「ケプラー22b」という、太陽と同じぐらいの大きさの恒星を回る惑星。地球から光の速さで620年の距離にある遠い惑星だけれど、宇宙人がいるかもしれないと期待されているよ。

第2章 地球と月のふしぎ

太陽に近いほうからかぞえて、3番目の天体が地球だよ。
地球は、月といっしょに太陽のまわりを回っている。
そして、水や空気があって、
太陽系のなかでは、ここだけに生命がくらしている。
どうして地球だけが特別な天体になったのか、
その理由を考えていこう。

地球と月。別の天体の衝突により、地球の一部がくだけた岩石が、ふたたび集まってできたのが月だという。　画像提供：NASA

初期の太陽系の想像図。原始太陽を中心にして、ガスやちりが回転しながら集まって、太陽系ができていった。　画像提供：NASA

Q13. 地球は、どうやってできたの？

「原始太陽」ができたあとも、宇宙空間には、ガスやちりが残っていた。それらのガスやちりは、太陽のまわりを回りながら、ぶつかり合って合体して「微惑星」になった。微惑星どうしもぶつかり合って「原始惑星」になり、原始惑星どうしもぶつかり合って、地球という惑星ができたんだ（→Q1）。

どうして、太陽のまわりを同じ方向に回転しているガスやちり、微惑星がぶつかり合ったかというと、それには「重力」が関係している。

重力というのは、重さのある物体にかならずある、別の物体を引きつける力のこと。地球では、持っているリンゴを手から放すと、地面に向かって落ちる。でも、宇宙空間では、リンゴは空中をふわふわとただようだけ。どの星からもはなれた、なにもない宇宙空間では、重力がほとんど、はたらかないからだ。

でも、物体があると、重力は物体が重いほど大きくなる。原始太陽のまわりのガスやちり、微惑星などは、より重い物にまわりの物が引きつけられ、衝突が起こった。その結果、さらに大きな天体になったことも、くだけてしまったこともあったかもしれない。実際、月は地球の一部がくだけてできたとされているし、太陽系に無数にある小惑星も、原始惑星がくだけたものとされているよ。

ISS（国際宇宙ステーション）から撮影した地球。
海におおわれて青く見える。　写真提供：NASA

Q14. 地球の水は、どうやってできたの？

地球は、「水の惑星」ともよばれているね。でも、生まれたての地球には、海はなかった。では、水はどうやってできたんだろう？
原始惑星が衝突して大きな惑星となったばかりのころ、地球の表面には、たくさんの隕石が落ちてきていたよ。隕石が地球にぶつかると、その衝撃で熱が生まれ、岩石が溶けてマグマになった。そして、地球の表面はマグマでおおわれたんだけど、地球のもとになった岩石には、もともと水蒸気や二酸化炭素、窒素などの成分がふくまれていたから、岩石が溶けてマグマになるとき、それらの成分が大量に地表に吐き出されていったんだ。
やがて、マグマが冷えて気温が下がっていくと、空気中の水蒸気も冷えて水になり、雨になった。雨はなんと、1000年ほど降りつづいたそうだ。こうして大量の雨が降った結果、地球の表面の70%が水でおおわれるようになったんだ。
太陽からの距離も、ちょうどよかった。もっと太陽に近かったら、水は蒸発してしまっていたし、もっと太陽から遠かったら、水は凍って氷になってしまっていた。蒸発も、凍結もしないで、液体の状態の水があるというのは、ほんとうに奇跡のようなことなんだよ。

オーストラリア・グレートバリアリーフの海。自分がいる場所の地球の裏側でも、海の水が落ちていかないのは、重力があるから。(写真は上下反転させたもの)　写真提供：八板康麿

Q15. 地球はどうして海水におおわれているの？

地球の重力（→Q13）が、じゅうぶんに強いからだよ。地球の重力が、表面にひろがっている海水を、地球にしっかり引きつけているんだ。
理由はわかっていないけれど、重力は、物質の重さが重いほど強い。たとえば、地球のまわりを回っている月は、体積は地球の約50分の1で、重さは約81分の1。そんな月の重力は、地球の6分の1しかないんだ。
みんなは、宇宙飛行士が月の上を歩いている映像（→Q25）を見たことがあるかな？　見た人はわかると思うけれど、宇宙飛行士は、ふわふわとジャンプするように歩いていたでしょう？　これは、ふつうに歩こうとしても、月の重力が弱いので、そのようになってしまうからなんだ。
最近では、探査機の「マーズ・リコネッサンス・オービター」が送ってきた写真などから、大昔、火星の表面にも水があって、川が流れていたのではないかと考えられているよ（→Q40）。そして、火星の地下には、今でも液体の水があるのではないかと推測されている。でも、火星の体積は地球の約6分の1、重さは地球の約9分の1しかない。そのため、火星の重力は地球の3分の1ほどと弱く、地表に水を引きとめておけなかったんだ。

月から見た地球。地球の70%をおおう海のおかげで、青色に見える。
写真提供：NASA

Q16. 地球はどうして青いの？

地球が青いのは、海の色なんだ。陸もあるけれど、表面の70%は海。だから、宇宙の遠くはなれたところからだと、海の色が目立って青色に見えるんだ。
でも、手ですくいあげた海の水は透明だよね。それなのに、どうして青く見えるかというと、太陽の光に関係があるんだ。太陽の光は白っぽいけれど、じつは赤、黄、緑、青、紫など、さまざまな色に分けることができる。その色のうち、青や紫の光は、水中の深いところまで届き、反射して、海は青く見えるんだ。
太陽系のほかの天体の色はどうだろう？　地球の衛星の月は白っぽく見えるね。これは、月がおもに「斜長石」という白っぽい石でできているからだ。金星は、名前のとおり金色に見える。その理由は、金星をおおう濃硫酸の雲が太陽の光を反射しているからだ。火星が赤く見えるのは、表面の土が赤っぽいからだよ。木星は、自転のスピードがとても速く、また、緯度によって風の強さがちがうため、表面の雲の流れに差ができて、しま模様ができる。黄色や茶色の色は、大気中の炭素やリンをふくんだ物質の色だと考えられているよ。海王星は、大気にメタンがふくまれている。そのメタンが、太陽の光のうち、赤色をほとんど吸収してしまい、青っぽい色だけが残るので、海王星は青色に見えるんだ。

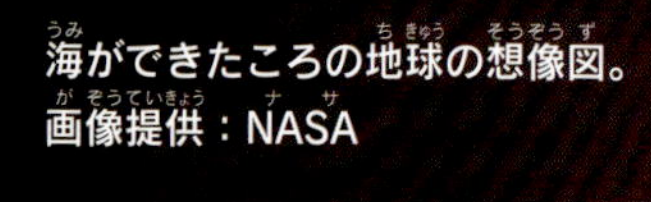

海ができたころの地球の想像図。
画像提供：NASA

Q17. 地球には、なぜ空気があるの？

それは重力があるからだ。コップでもボールでも、物を落とすと地面に落ちる。これは、重力が引きつけているからだ。海の水が重力で引きつけられているのと同じように（→Q15）、空気も、重力で地球に引きつけられているんだよ。
その証拠に、地球より重力の弱い月には、空気はない。月の重力は地球の6分の1しかなくて（→Q15）、その重力では空気を引きつけておけないんだ。
ところで、わたしたちは、空気中の酸素を吸って、生きているよね？　でも、地球ができたばかりの約46億年前には、空気中に酸素はなく、そのかわりに空気は、溶けたマグマから吐き出された水蒸気や二酸化炭素、窒素などで満たされていた。水蒸気は、気体の状態の水だから、マグマが冷えて地球の温度が下がるとともに液体の水に変わり、それが地球をおおうほどの大量の雨となって地表に降りそそぎ、海ができた（→Q14）。
約38億年前、その海の中に生命が誕生した。それは現在の植物の祖先にあたる生きもので、太陽の光が当たると、体の中に取りこんだ二酸化炭素からエネルギーをつくり、同時に酸素を出した。その酸素が、長い長い年月の間に増えていき、現在のような酸素をふくむ空気になったんだ。

エラトステネスは夏至の南中時、太陽光が、シエネでは井戸の底まで届く、つまり真上から差す一方、アレクサンドリアではオベリスクの影をつくる、つまり少しななめから差すことから、地球が球体であれば大きさを計算できることに気づいた。　イラスト提供：加藤愛一

Q18. 地球の大きさは、どれぐらいあるの？

地球一周の長さは、赤道の部分で測ると約4万75km。直径は約1万2756km、重さは約6,000,000,000兆tだよ。

地球の大きさを最初に測ったのは、紀元前230年のギリシャにすんでいた、エラトステネス。それは、こんなことがきっかけになっておこなわれたんだ。

あるとき、エラトステネスは、同じ日の同じ時間に、別の場所で見える影の長さがちがうことに気がついた。そのころはまだ、地球は平たいと考えられていた。でも、ほんとうに平たいのであれば、影の長さはどの場所でも同じはず。それなのに、どうして影の長さがちがうんだろうか、とエラトステネスは考え、ついに、地球はボールのように、まるい球体であることに気がついたんだ。

そして、地球の大きさを測ろうと考えた。まず、A地点とB地点で見る影の長さのちがいから太陽の角度を求め、何度ちがうかを調べた。それからA地点とB地点の距離を測り、角度が1度ちがうとき、距離はどのくらいはなれているかを計算した。地球一周の角度は360度だから、1度ちがうときの距離に360をかければ、地球一周の距離もわかる。出した答えは、約4万6000km。今から2000年以上も昔のことなのに、ほぼ正確な答えが出せたなんて、すごいね。

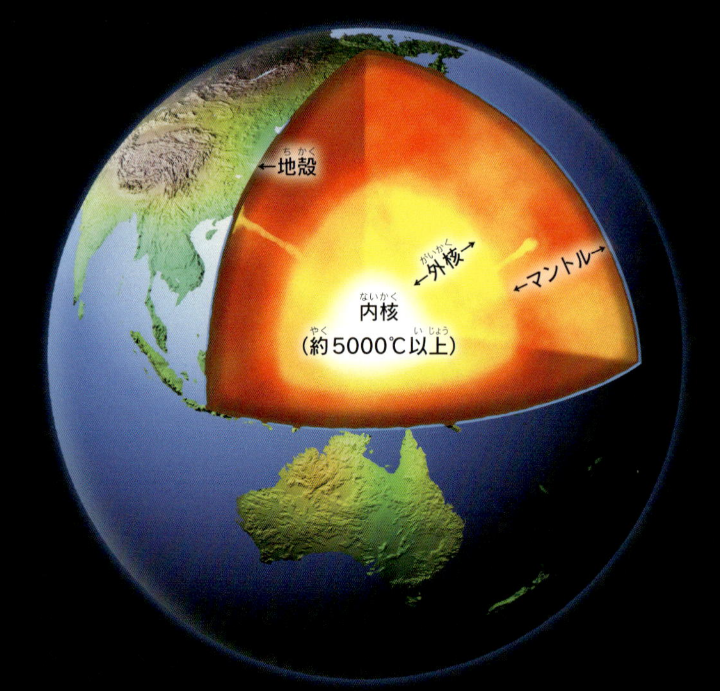

地球の内部構造。表面は冷えてきたが内部はまだ高温だ。その熱の力で表面の地殻が動き、地震が起きたり、地形が変わったりしている。　イラスト提供：加藤愛一

Q19. 地球の中身はどうなっているの？

地球は、3つの層が重なってできているよ。表面にあるのが「地殻」。その下には「マントル」がある。そして、もっとも深いところに「核」がある。
地殻の厚みは、数kmから約70kmで、陸の部分はおもに「花こう岩」という岩石、海の部分はおもに「玄武岩」という岩石からできている。
マントルの厚みは約2900kmで、「かんらん岩」という岩石でできている。この岩石は「ペリドット」といって、緑色の宝石の原石でもあるんだ。
もっとも深くにある核は、直径約7000kmの球状。おもに鉄とニッケルを成分とする金属でできている。外側の「外核」と内側の「内核」に分かれ、外核は溶けて液体のようだけれど、内核は地球の重みが四方八方からかかって、固体の状態だと考えられている。内核の中心部は、約5000℃以上という高温だ。
地球のように、おもに岩石でできた惑星を「岩石惑星」とか「地球型惑星」とよぶ。太陽系では、太陽に近い水星、金星、地球、火星が、岩石惑星だ。太陽から遠い木星と土星はガスの集まりで、「巨大ガス惑星」とか「木星型惑星」とよぶ。でも、木星と土星にも、岩石の核がある。天王星と海王星は、岩石の核をガスと氷がとりまくので、「巨大氷惑星」とか「天王星型惑星」とよぶ。

日の入りが近づき、鳥たちがねぐらに向かう。地球に生きる動物はもちろん、人間も、いやがおうでも、1日や1年というリズムに支配されて生きている。　写真提供：八板康麿

Q20. 地球の1年はどうやって決めたの？

昔の人は、太陽が地球のまわりを回っているという「天動説」を信じていた。そして、太陽がはじめと同じ位置にもどる前日までを1年とした。でも、16世紀にポーランドの天文学者コペルニクスが、地球が太陽のまわりを回っているという「地動説」をとなえるようになると、地球がはじめと同じ位置にもどる前日までを1年とするようになった。太陽と地球の位置がもとにもどったら1年とする点は、どちらの説も似ているけれど、じつはまったくちがうことだね。
さて、1年は、ほんとうは365日と約6時間だ。でも、6時間だけの日というのも不便なので、365日を1年とした。しかし、そのままでは、4年で24時間、つまり1日ずれるので、4年に一度、1年が366日の「うるう年」をつくった。
現代では、もっと正確に1年の長さを測れるようになった。あらためて測ってみたら、地球は太陽のまわりを365日と約5時間49分で一周していた。今まで考えていた時間より、約11分短かったんだ。そこで、うるう年を少し減らすことにした。うるう年になる年でも、たとえば2100年のように、西暦の数字が100で割りきれるときは、うるう年にしない。でも、400で割りきれるときは、うるう年にする。うーん、ややこしい。暦の調整は、なかなか複雑だね。

回るこま。軸と床との間に摩擦がなければ、こまはもっと長い時間、回りつづけるだろう。　写真提供：八板康麿

Q21. 地球はなぜ、ぐるぐる回りつづけているの？

太陽系は、物質が回転しながら集まって太陽ができて、さらに、そのまわりの惑星も回転しながらできていった（→Q1）。つまり地球は、誕生したときから回転をつづけている。だから、朝になったり、夜になったりするんだね。

ところで、こまを回すと、最初はいきおいよく回っていても、やがてふらつきはじめ、しばらくすると止まってしまう。それなのに地球は、どうして46億年もの間、止まらずに回りつづけているんだろう？

こまが止まってしまうのは、おもに地面や床のでこぼこが原因だ。でこぼこに引っかかると、スピードは落ちていく。こうしたでこぼこに引っかかることを「摩擦」というよ。でこぼこが大きいほど、摩擦は大きく、こまはすぐに止まってしまう。でも、地面や床がなめらかで、でこぼこがあったとしても小さいときは、摩擦も小さい。すると、こまは長い時間、回りつづける。

地面や床の上で回るこまとちがって、地球は宇宙空間に浮いている。地球のまわりの宇宙には、窒素や酸素、二酸化炭素などの気体がない、真空の宇宙がひろがっているだけで、地球の回転を止めるでこぼこがない。つまり、摩擦がまったくない。だから、地球は止まることなく、ぐるぐると回りつづけているんだ。

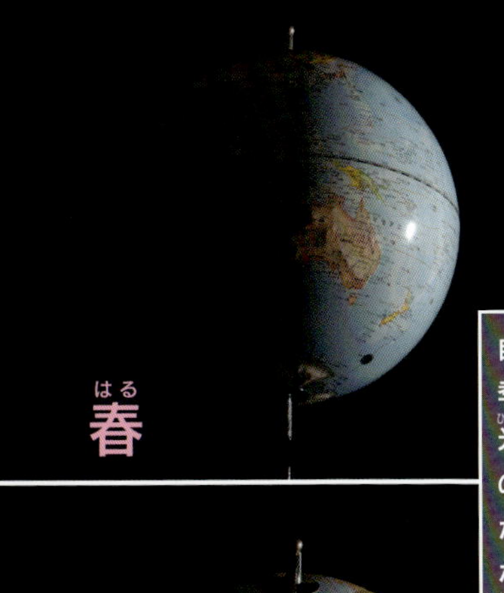

秋

冬

自転軸のかたむきを四季に合わせて地球儀に光を当ててみた。太陽の光の当たりかたのちがいが季節のちがいになっているのがわかる。
写真提供：八板康麿

Q22. 地球にはなぜ、暑い場所、寒い場所、四季がある？

場所によって、太陽の光の当たりかたがちがうからだよ。
地球は、北極点と南極点をむすんだ「地軸」を中心に自転しながら、太陽のまわりを回っている。でも、地軸は太陽に対して垂直ではなく、約23.5度かたむいている。このかたむきが、光の当たりかたのちがいとなって、場所による暑さや寒さ、季節の変化を生みだしているんだよ。
北半球にある日本の、夏の光の当たりかたを見てみよう。日本には、太陽の光はほぼ真横から当たる。でも、南半球のオーストラリアには、太陽の光はななめから当たるね。ななめから当たると、同じ面積に対する太陽の光の強さが弱くなる。だから、北半球は暑い夏なのに、南半球は寒い冬になる。
一方、地球のまん中にあたる赤道の近くでは、光が一年じゅう、よく当たる。だから、いつも暑い。また、北極と南極は、夏は昼間の時間がとても長いけれど、冬は昼間の時間がほとんどなく、一日じゅう暗い日がつづく。そして、太陽の光はいつもななめから当たるので、夏でも光が弱くて寒い。
日本は、赤道からも、北極や南極からも、ほどよくはなれているから、冬から夏、夏から冬へ変わるときに、あまり暑くもなく寒くもない春と秋があるんだ。

宇宙ごみの想像図。ぶつかることを考えるとおそろしい。　画像提供：ESA

Q23. 地球がごみにかこまれているって、ほんと？

ほんとうだ。地球のまわりは、ごみだらけだ。このごみを「宇宙ごみ（スペースデブリ）」というよ。その正体は、昔、使っていた人工衛星がほとんどだ。人類は50年以上にわたって、宇宙に何千回も人工衛星などを打ち上げてきた。古くなって使わなくなった人工衛星は、大気圏に落とし、摩擦熱で燃やしてしまうものもある。でも、じつは、そのまま放っておかれるもののほうが多いんだ。これは、とてもおそろしいことだ。空気抵抗がない宇宙（→Q21）では、ねじのような小さなものも、秒速8kmという高速で動いているので、そんなものが宇宙ステーションや宇宙飛行士にぶつかったら、大変な事故になるからだよ。実際、2009年2月には、アメリカの「イリジウム33号」という通信衛星と、使いおわったロシアの軍事用通信衛星「コスモス2251号」がぶつかった。この衝突では、数百個以上の宇宙ごみが新たに発生したといわれる。また、2011年6月には、宇宙ごみがぶつかる危険があるといわれ、日本の古川聡宇宙飛行士が、国際宇宙ステーションから緊急帰還船のソユーズに避難した。宇宙ごみの量は、合計で約4500tにもなるという。これからは、人工衛星を使いおわったら、捨てないで回収する方法を考えていかなければいけないね。

はくちょう座の方向に発見された、地球型惑星「ケプラー 452b」の想像図。　画像提供：NASA

Q24. 地球のような星は、ほかに宇宙にあるの？

今、さがしているところだよ。

1995年10月6日、スイスにあるジュネーブ天文台で、「ペガスス座51」という恒星のまわりに、木星ぐらいの大きさの星が発見された。これが太陽系以外で発見されたはじめての惑星で、「ペガスス座51b」とよばれる（→Q12）。でも、この惑星は、高温のガス惑星だと考えられている（→Q56）。

それ以降、アメリカが宇宙に打ち上げた「ケプラー宇宙望遠鏡」により、太陽系以外の惑星が1000個以上発見されている。でも、初期に見つかった惑星の多くは、ペガスス座51bと同じような特徴をもつ惑星で、とても人間がすめるような環境ではないんだ。

でも、今では、地球のように岩石でできている「スーパーアース」（→Q56）タイプの星も見つかっている。2015年7月に、地球から1400光年はなれたはくちょう座の方向に、「ケプラー 452b」という惑星が発見された。ケプラー452bは地球型惑星で、恒星からの距離がほどよく、暑すぎたり寒すぎたりしない。地表には液体の水があって、地上の気温は地球とほぼ同じだという。もしかすると、地球と同じような生命体がいるかもしれないと期待されているよ。

「アポロ11号」の船長ニール・アームストロング（→Q74）が、月面でジャンプをしているところ。　写真提供：NASA

Q25. 月ではジャンプが得意になるって、ほんと？

うん、もしも、うんと高くジャンプしたいと思ったら、月へ行こう。月では、だれもが地球の6倍も高くジャンプできるんだ。

これには、「重力」という力が関係している（→Q13）。重力は、物の重さ（正確には質量）に対応して強くなる。たとえば、地球の33万倍以上の重さのある太陽の重力は、地球のおよそ28倍。もし、地球が太陽と同じくらいの重さのある星だったら、重力が強すぎて、立っていることもむずかしいだろうね。

でも、月の重さは、地球のおよそ81分の1と小さい。その分、重力も小さくて、地球の6分の1しかない。だから、ジャンプをすれば、地球よりずっと高く跳べるんだ。もし、野球をやったら、少しの力でホームランが打てるし、物を落としても、ゆっくりとしか落ちない。

月の重力の弱さを利用して、月面に宇宙開発の基地をつくろうという案がある。月では、重いものも6分の1の重さになる。月からロケットを打ち上げれば、地球から打ち上げるより少ない燃料で打ち上げられ、費用も安い。それに、宇宙飛行士が着る宇宙服は、120kgぐらいの重さがあるけれど、月では20kgにしか感じられないから、動くのも楽だ。

「アポロ11号」の宇宙飛行士バズ・オルドリン（→Q74）が、月面に月震計を設置しているところ。右に見えているのは、月着陸船「イーグル」。　写真提供：NASA

Q26. 月にも地震があるって、ほんと？

そうだよ。月にも地震はあるよ。月の地面から深さ300kmぐらいのところでは、マグニチュード5ぐらいの大きな地震も記録されているし、深さ800～1100kmぐらいのところでは、小さな地震が何度も起こっている。

月の地震は「月震」とよばれる。アメリカが月に人類を送りこんだ「アポロ計画」（→Q74）のとき、月に降りた宇宙飛行士たちが、数回にわたって月震計を設置した。月震のデータは、そのときのものしかないんだけれど、観測がおこなわれた8年10か月のあいだに、1万2558回も月震が記録されたんだ。

月震の原因は、わかっていない。地球の地震は、地球の表面をおおう地殻が動いて起こる。地殻が動くことで、地面が押し上げられて、地球では、とても標高の高いサガルマータ（エベレスト）のような山もできた。でも、月にはそのような山はないので、地球のような地殻の動きはないだろうと考えられている。

月震には、マグニチュード5ぐらいの大きな地震が、約10分もつづいたものもあった。2011年の東日本大震災でも、継続時間は3分ぐらいだったから、10分つづいたなんて、かなり長い。将来、月にすんで、宇宙開発の基地をつくるときには、地震対策もしっかりしないといけないね。

海岸の同じ場所の、満潮から干潮になるまでの写真。潮が引いて、海にある島まで歩いて行けるようになった。月の重力の影響が大きいことがよくわかる。　写真提供：八板康麿

Q27. 月が、地球の水を引きよせているって？

月の重力（→Q25）は、わたしたちのすんでいる地球を引っぱっている。でも、地球にいると、なかなかそれがわからないよね。そんなときには、海に行って、潮の満ち干で海面の高さが変わるのを見てごらん。時間がたって満ち潮になると、低かった海面が高くなって、引き潮になると、高かった海面は低くなる。どちらも、月の重力が海水を引っぱって起こる変化だよ。

潮の満ち干には、海面の高さの変化が大きい「大潮」もあれば、変化が小さい「小潮」もある。潮の満ち干には、太陽も関係していて、太陽と月が地球に対して一直線にならぶ満月と新月のときには、そこに太陽の重力も加わるので、引っぱる力が強くなる。これが大潮だ。太陽と月が地球を基点に90度の位置関係にある半月のときには、太陽も月も、それぞれちがう方向に地球を引っぱるから、海の変化はそれほど大きくない。これが小潮というわけだ。

また、海岸には、海の波がくりかえし打ちよせるよね。波は、おもに風によってつくられるけれど、じつは、月の重力も関係している。月の重力が地球の表面にはたらきかける強さは、月との角度によって、場所ごとに少しずつちがってくる。それによって海水が移動するのも、波の原因になっているんだ。

月の裏側の方向から、月と地球を撮影した写真。月の大きさは地球の4分の1しかないけれど、地球に生きものがくらせるのは、月のおかげでもある。　写真提供：NASA

Q28. 月がなくなったら、地球はどうなるの？

約46億年前、できたての地球に、別の大きな天体が衝突した、といわれる。その結果、地球の一部が大きくくだけた。そして、それらの岩石がふたたび集まってできたのが月だという。それ以来、月は地球のまわりを回っている。

その月がなくなったら？　まず、地球の夜は暗くなることはわかるね？　それから、潮の満ち干も小さくなる。すると、海水がかきまぜられなくなるので、海はよどんでよごれ、魚やサンゴなどの生きものがたくさん死ぬだろう。

生きもののなかには、満月を合図に産卵するものもいる。たとえばサンゴは、満月の前後に産卵することが知られている。アカテガニというカニも、夏の満月の前後に産卵する。月がなくなったら、生きものたちもこまるだろうね。

じつは、月は地球から少しずつ遠ざかっている。大昔、地球と月の距離は約2万kmだった。でも、現在は約38万km。遠ざかっている原因には、月と地球が、たがいにおよぼしている重力が関係していて、はるか未来のことだけど、月の重力が地球に影響しなくなるほど、月は遠くへ行ってしまうという。でも、それは何十億年も先のこと。そのころには、太陽も年をとってしまっていて、太陽系自体が存在していないかもしれないよ。

月面基地の想像図の一つ。空気のない場所で人が安全にくらすためには、がんじょうな建物が必要だ。　画像提供：NASA

Q29. 将来、月にすめるの？

月では、昼間の気温は赤道付近で110℃以上、夜は－170℃ぐらいにまで下がる。温度差が大きいと、建物の材料は傷みやすく、こわれやすい。だから、月の建物は、とてもがんじょうにつくらなければならないし、外の気温の変化が、建物の中にすむ人に伝わらないようにしておくことも必要になる。

しかし、月にすむには、まだまだ解決しなければならないことがたくさんある。

月には、地球のような大気がないから、太陽からくる放射線にまともにさらされるし、隕石も燃えつきないで、地球よりもたくさん落ちてくる。

月にはもちろん、空気も水もない。でも、空気も水もないので、天気の変化もない。だから、雨や雪になやむことはない。夜空の星も、とてもきれいに見える。もし、月に天文台ができたら、地球よりも星の観測がよくできるだろうね。

それに、重力が弱いから、ロケットの打ち上げも楽にできるし（→Q25）、地球で使える鉱物資源も豊富にねむっている（→Q30）。でも、ロケットを打ち上げたり、鉱物資源を採取したりするには、人間がすむ必要がある。だから、いつとはいえないけれど、遠い将来、さまざまな問題を解決し、人が月にすめるようになる日がくるはずだよ。

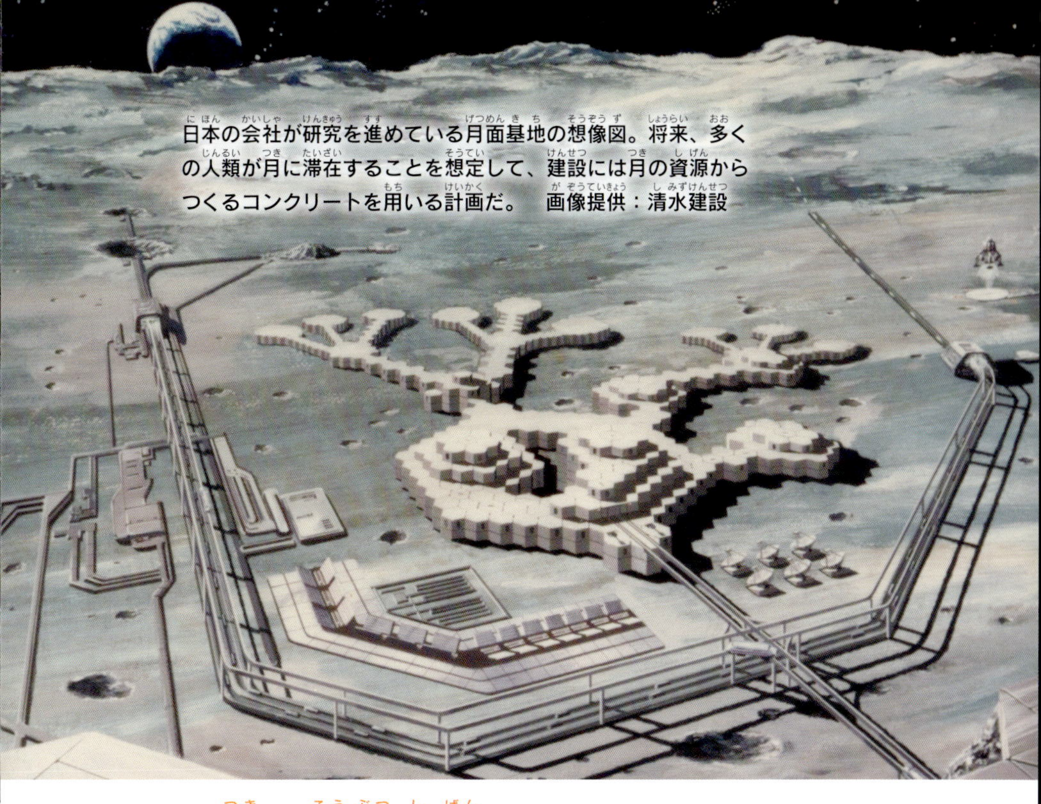
日本の会社が研究を進めている月面基地の想像図。将来、多くの人類が月に滞在することを想定して、建設には月の資源からつくるコンクリートを用いる計画だ。　画像提供：清水建設

Q30. 月の鉱物資源は、だれのものなの？

月には、たくさんの鉱物資源がある。月に多い斜長石（→Q16）は、アルミニウムを大量にふくむ。クレーターの底にひろがる玄武岩には、チタンが多い。月の砂には、酸素がふくまれているだけでなく、太陽からとどく「ヘリウム3」がくっついていて、効率よく集めれば、世界じゅうで使う電力の数千年分のエネルギーになるという。最近では、大量の氷の存在もわかった。氷は水にもなるし、水素と酸素に分けて、ロケットの燃料にすることもできる。
でも、月の資源は、だれでもかってに使ってしまってもいいのかな？　それとも、月に最初に宇宙飛行士を送りこんだアメリカのものなのかな？
そのことは世界の多くの国が気にしていて、「月協定（月その他の天体における国家活動を律する協定）」という国際的な取り決めが、1984年から実施されている。今は、取り決めに参加する国を増やすように、そして取り決めがきちんと守られ、どこかの国だけが得をしたり、損をしたりしないように調整をしているところだ。「アポロ計画」の時代、月の探査はそれぞれの国でおこなっていた。でも今は、どこかの国だけでおこなうより、みんなが協力したほうが知恵も費用も出し合えて、よりよいとされている。月はみんなのものなんだね。

太陽系の惑星をならべてみた。大きさや、そのほかの特徴もさまざまだ。　画像提供：NASA

第3章 太陽系惑星のふしぎ

太陽系には、地球のほかに7つの惑星があるよ。
地球と似ているところもあれば、同じ太陽系の惑星なのに
まったくちがっているところもあって、なかには
地球では考えられないような現象が起こっている星もある。
でも、それにはちゃんと理由があるんだ。
太陽系のメンバーのひみつを、解きあかしていこう。

太陽系の惑星で大きさの１位は木星だが、環もふくめると土星が大きい。　画像提供：NASA

Q31. 太陽系の惑星で、いちばん大きいのは？

地球は大きくて、世界一周をするのはとても大変。でも、太陽系の惑星のなかでは、地球は小さいほうなんだ。
太陽系の惑星を、大きいほうからならべると、木星、土星、天王星、海王星、地球、金星、火星、水星という順番になる。ちなみに、準惑星（→Q62）の冥王星は、水星よりも小さい。いちばん大きい木星は、地球が横に11個ならぶくらい大きい。もしも飛行機で、木星のまわりを一周するとしたら、時速1000kmで飛んでも、約19日間もかかってしまうんだって。重さも重くて、ほかの惑星をすべて合わせても、木星の重さのやっと半分にしかならないんだ。
太陽系の惑星は、できている材質によって「岩石惑星」、「巨大ガス惑星」、「巨大氷惑星」の３つがある（→Q19）。
大きさで１位と２位の木星と土星は、ガスのかたまりの「ガス惑星」だ。３位と４位の天王星と海王星は、ガスと氷のかたまりの「巨大氷惑星」。５位から８位の地球、金星、火星、水星は、岩石でできている「岩石惑星」だ。
岩石の惑星よりも、軽いガスの惑星のほうが、大きくなりやすいんだね。そういえば、太陽系でいちばん大きな天体の太陽も、巨大なガスのかたまりだね。

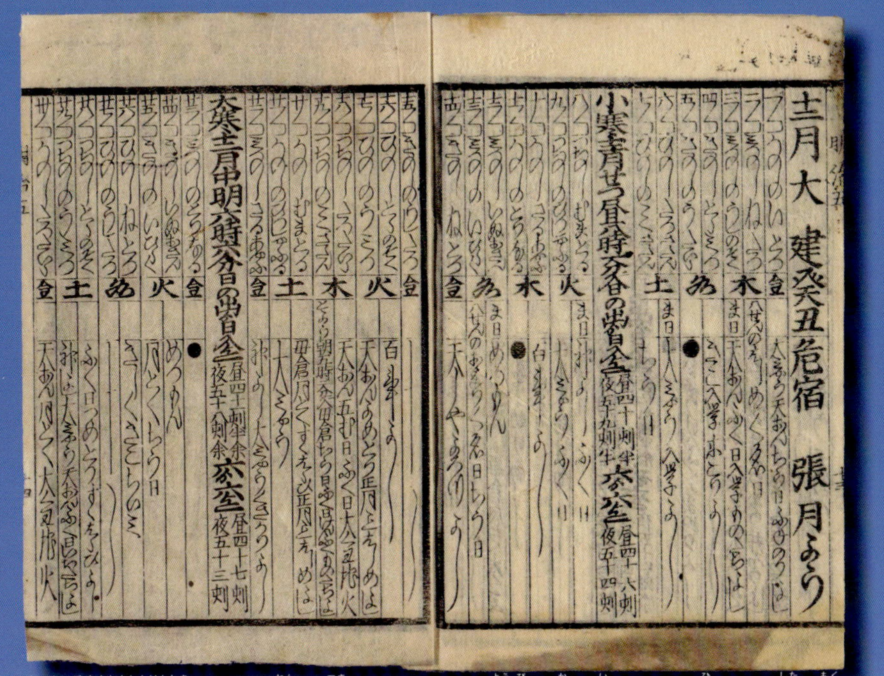

「明治五年壬申頒暦」(1872年)。月のはじめにだけ曜日が書き入れられ、日づけの下の木や火などの文字は七曜でなく、五行を示す。　写真提供：国立国会図書館デジタルコレクション

Q32. 1週間の曜日と惑星名は、なぜ似ているの？

日本語の1週間の曜日の名前には、火曜日には火星、水曜日には水星、木曜日には木星、金曜日には金星、土曜日には土星というように、惑星の名前がついているね。しかし、これらの曜日の名前は、惑星の名前ではなくて、中国から伝わった「五行説」という考えがもとになっているんだよ。
五行説というのは、古代中国の人々が考えた、自然の大きな原則のようなもの。世界は「木・火・土・金・水」の5つの元素から成り立っている、という考えだ。そして、この5つは、たがいに影響し合って変化していると昔の人は考えた。
一方、惑星のなかでも、木星、火星、土星、金星、水星は、たまたま肉眼でも見ることができるため、大昔から知られていた。ちょうど5個あることから、五行説に取り入れられて名前がつけられ、曜日の名前にも使われたんだ。
そして、さらに、5つの惑星以上になじみの深い、お日さま（太陽）の日曜日と、お月さまの月曜日がくわわって、1週間の名前になったんだよ。
英語でも、Sunday（日曜日）→Sun（太陽）、Monday（月曜日）→Moon（月）、Saturday（土曜日）→Saturn（土星）のように、曜日の名前と惑星の名前が同じものがある。曜日の名前と惑星は、つながりがあったんだね。

火星の動きを１枚に収めた写真。アルファベットのＺのような形を描いて夜空を進む。　写真提供：Tunc Tezel

Q33. 火星が星座の中を動いているって、どういうこと？

惑星の「惑」は、訓読みで「まど（う）」と読む。「まどう」というのは、「考えがまとまらない」とか「どうしたらよいかこまる」などといった意味だ。どうしてそんな変な名前がついたのかというと、惑星は星座をつくっている星（恒星）とは、ちがう動きかたをするからなんだ。
星座の星は、みんなそろって東から昇って、西へとしずんでいく。ところが惑星は、いっせいに動くということはない。もちろん、惑星ごとに、動きにルールはあるけれど、水星も金星も、火星も木星も、それぞれに特有の動きをするんだ。それらの惑星のなかで、もっとも奇妙な動きをするのは、火星だよ。
火星は、あるときは西から東へ移動する。それが急に動かなくなったかと思うと、しばらくして今度は、東から西へ動いていく。ね、ふしぎでしょう？
でも、これにはちゃんと理由がある。地球と火星とでは、地球のほうが太陽のまわりを回る速度が速いので、とちゅうで火星を追いぬいてしまうからなんだ（→Q104）。でも、昔は、そんなことは知られていなかったので、火星がまるで宇宙のなかを「まどっている」ようにしか見えなかったんだ。それで、「惑星」という名前がつけられたんだよ。

コラム

夜空の惑星をさがそう

太陽系惑星のうち、水星、金星、火星、木星、土星は、天体望遠鏡がなくても見つけられる。水星と金星は夕方か明け方、火星、木星、土星は日暮れから日の出まで見られるけれど、軌道の形や公転周期によって、見られない季節もある。国立天文台の「今日のほしぞら」というウェブページでは、日付を入れると、どんな惑星が見られるかを調べることができる。

写真提供：八板康麿

夕方、月の左に水星が見えていた。

水星●太陽の近くにあるけれど、昼間は太陽に近すぎて見えず、夜は太陽とともにしずむので見つけるのは大変だけれど、夕方の西の空か、明け方の東の空をさがしてみよう。

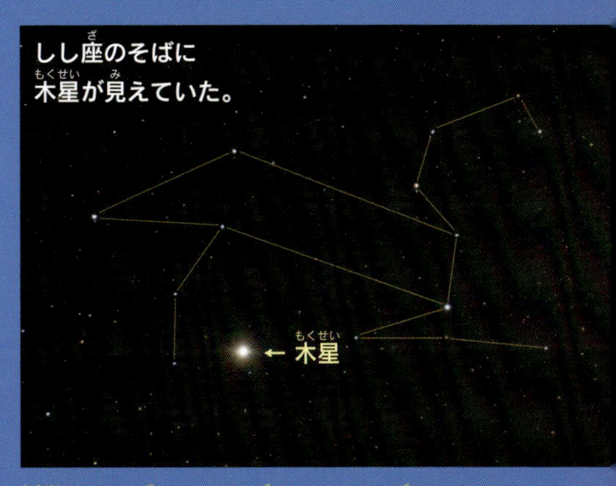

しし座のそばに木星が見えていた。

木星●しし座、おとめ座、てんびん座などの誕生日の星座を12年かけて動いていく。天体望遠鏡があれば、しま模様や衛星も見える。

金星●夕方の西の空か、明け方の東の空をさがそう。とても明るいので、すぐわかるよ。天体望遠鏡があれば、満ち欠けもわかる。

夕方、富士山の右に金星が見えていた。

アンタレスの右上に火星が見えていた。

火星●2年2か月ごとに地球に接近する赤い星だ。15年に一度、大接近するので、そのチャンスをねらおう。

アンタレスの左上に土星が見えていた。

土星●木星と同じように、誕生日の星座を30年かけて動いていく。明るく黄色っぽい星で、天体望遠鏡があれば、しま模様や環もわかるよ。

木星と、その衛星3つ。左から、イオ、木星、エウロパ、ガニメデ。　写真提供：八板康麿

Q34. 惑星には、かならず衛星があるの？

惑星のまわりを回っている星のことを「衛星」という。
地球には、月という衛星があるけれど、ほかの惑星にも衛星はあるのかな？
太陽に近い惑星から見ていこう。まず、水星には衛星はない。金星にも衛星はない。でも火星には、フォボス、ダイモスという2つの衛星がある（→Q42）。
木星の衛星はとても数が多くて、現在67個もの衛星が確認されている。土星には65個の衛星がある。天王星は27個、海王星は14個だ。
こうして見ていくと、大きな惑星ほど、たくさんの衛星があるようだ。火星は、地球より小さいのに、2つも衛星をもっているけれど、フォボスもダイモスも地球の月よりはるかに小さいから例外、ということにすればね。
ところで、衛星の数は、科学が進歩して惑星の探査がさかんになってから、どんどん増えている。木星の衛星は、最初はイタリアの天文学者ガリレオ・ガリレイが1610年に発見した、イオ、エウロパ、ガニメデ、カリストの4つの衛星しか知られていなかった。ところが、1970年代にアメリカの惑星探査機「ボイジャー」が訪れたり、地上からも高性能の望遠鏡で観測したりした結果、67個になったんだ。これからも、新しい衛星が発見されるかもしれないね。

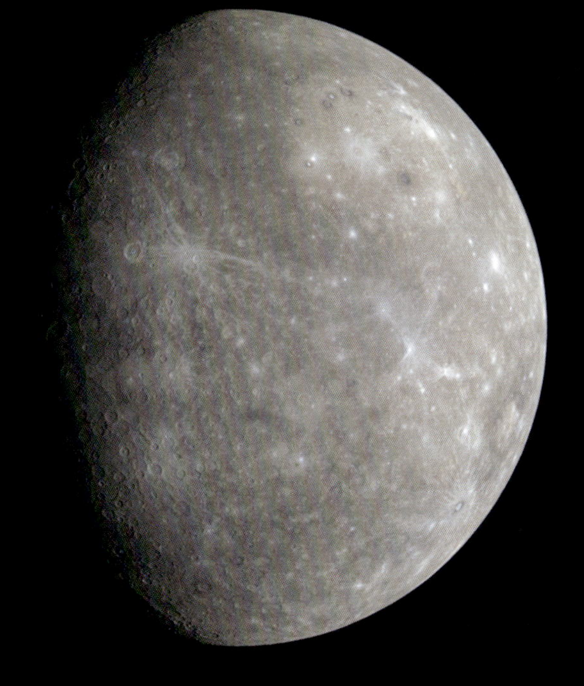

探査機「メッセンジャー」が撮影した水星。　写真提供：NASA

Q35.「水星の1年は半日」って、どういうこと？

1年は、惑星が太陽のまわりを公転するのにかかる時間のこと。
1日は、惑星のある場所で、太陽が昇って朝がきて、太陽がしずんで夜になり、また朝がくるのにかかる時間で、ふつうは惑星がひと回り自転する時間と同じ。
そして、その惑星の1年が何日なのかは、公転する速度や、自転する速度が、惑星によってさまざまで、ちがうんだ。
「地球の1年は365日」というのは、地球が公転するのに365日かかるということだけれど、正確には365日と6時間ほど。だから4年に一度、「うるう年」で1日足して調節しているんだね（→Q20）。では、水星の1年は何日だろう？
水星の1年、つまり水星が公転するのにかかる時間は、地球の時間で約88日。地球のおよそ4倍もの速さで公転しているんだね。
1日は、水星がひと回り自転する時間が地球の時間で約58.65日と、地球の60倍ぐらい遅いけれど、遅い自転の間に、速い公転で太陽との位置関係が大きく変わるので、計算すると、1日は地球の時間で約176日にもなってしまう。
そう、水星では、なんと1年は1日よりも短く、長さは1日の半分なんだ。
だから、「水星の1年は半日」ということになるんだよ。

日がしずんだ西の空にかがやく金星。きらきらとかがやいて見えるのは、濃硫酸の厚い雲におおわれているからだ。　写真提供：八板康麿

Q36. 金星は一年じゅうくもっているって、ほんと？

ほんとうだよ。金星は一年じゅう濃い雲でおおわれているんだ。でも、地球から見る金星は、とても明るくて、きれいだね。美の女神の「ビーナス」という名でもよばれるし、夕空では「宵の明星」、明け方の空では「明けの明星」ともよばれている。とても一年じゅうくもっているなんて思えないね。

探査機で調査したところ、金星の大気には、二酸化炭素が97％もふくまれていた。ほかには窒素や二酸化硫黄などがふくまれていたんだけれど、これらの成分が太陽の光に反応して、濃硫酸の雲になるんだ。この雲は、地球の雲のように晴れてなくなるということはなく、いつも金星全体をおおっている。この雲が太陽の光をよく反射するので、金星はいつも明るくかがやいて見えるんだ。

探査機の調査により、金星の表面温度は約480℃もあることがわかった。金星の大気の主成分である二酸化炭素は、温度を閉じこめる性質のある「温室効果ガス」だから、金星に降りそそいだ太陽の熱が、あまり逃げていかないんだ。

二酸化炭素は重い気体だ。そのため金星の気圧は地球の90倍の90気圧もある。金星は地球と同じぐらいの大きさで、「地球のふたご星」ともよばれるけれど、90気圧もあると、体が重く感じられて、とても地球のようにはくらせないね。

探査機「マリナー」が撮影した金星。濃硫酸の雲は、自転速度の40倍のスピードで流れていて、しま模様に見える。　写真提供：NASA

Q37. 金星の自転は地球と逆回転だって、ほんと？

そのとおり。金星の自転は、地球とは逆。だから、地球では東から昇って西にしずむ太陽が、金星では西から昇って東にしずむんだ。水星も火星も、地球と同じ方向に自転しているのに、どうして金星だけが逆回転なんだろう？
その答えは、いまだになぞだ。でも、仮説はある。
惑星というのは、いくつもの微惑星がたがいに衝突をくりかえして大きくなっていったよね（→Q1）。そして、摩擦というブレーキがない宇宙空間では、一度回転がはじまると、ふつうは永久にその向きに回りつづける（→Q21）。
そこで考えられたのが、最初は金星も、地球などと同じ向きに回転していたのが、あるとき金星に大きな星がぶつかって、その衝撃で逆回転するようになったのではないかという説だ。証拠はまだないけどね。
もう一つの説は、大気が厚くて太陽に近いのが原因だとする説。太陽の強い重力で大気が引きずられ、いつのまにか回転が逆になってしまったというもの。
でも、もしかすると、金星は、できたときから逆回転だったのかもしれないし、ほんとうのことは、まだちっともわからないんだ。もっともっと太陽系のことが調べられる日まで、この答えは待たなくてはならないよ。

火星探査車「キュリオシティ」（→Q78）が撮影した、火星の青い夕焼け。
地球よりも大気がうすいために起こる神秘的な光景だ。　写真提供：NASA

Q38. 火星の夕焼けは青いって、ほんと？

ほんとうだよ。2015年に、探査車が撮影した、火星の青い夕焼けの写真に、世界じゅうが、おどろいた。ではなぜ、火星の夕焼けは青いのかを説明するよ。それには、光の色の性質が関係している。じつは光は、いろいろな色の光の集まりで、赤、黄、緑、青、紫などの光が混ざり合って、白っぽく見えている。光には、大気中を遠くまで届きやすい色と届きにくい色があり、赤い光は届きやすく、青い光は届きにくい。また光は、ほこりなどにぶつかると、あちこちに散らばる性質がある。赤い光は散らばりにくく、青い光は散らばりやすい。地球の上に立っていると、昼間は太陽の位置が高い。光を見ている人のところに届くまでに通る大気の距離は短く、赤い光も青い光も届く。でも、青い光のほうがあちこちに散らばるので、空は青く見える。ところが夕方になり、太陽の位置が低くなると、光を見ている人のところに届くまでの大気の距離が長くなり、赤い光は届くけれど、青い光は届かなくなる。それで、空は赤く見える。ところが、火星の大気は地球よりうすい。だから夕方になっても、青い光もしっかり届く。それに、火星は地表が乾いているので、ほこりっぽい。ほこりにぶつかったとき、青い光のほうがあちこちに散る。だから、夕焼けが青いんだよ。

探査機「バイキング」が撮影した、真上から見たオリンポス山。
クレーターがとても大きいことがわかる。　写真提供：NASA

Q39. 火星には火山があったって、ほんと？

アルシア山、パボニス山、アスクレウス山など、火星には火山がたくさんある。とくにオリンポス山は、太陽系でいちばん高い火山だ。高さはおよそ2万7000m。富士山（約3776m）の約7個分だ。地球の最高峰サガルマータ（エベレスト）でさえ約8850m。もし、オリンポス山が地球にあったら、その頂上は風は強いし、寒さもきびしい。登頂するには、たくさんの装備が必要だろう。でも、写真で見ると、オリンポス山はそれほど高そうに見えない。それは周囲がとても広いから。山全体の直径は約700kmもあるけれど、斜面の角度は2～5度。富士山の斜面の角度が12～22度もあることを考えると、ずっとゆるやかで、長く歩けば頂上に着く。ちなみに火口の直径は約70km。これは東京から神奈川県の箱根の手前ぐらいまでの距離。とにかくスケールが大きいね。オリンポス山が、こんなに大きく高くなったのは、火星の重力が弱いことが原因だといわれている。重力が弱いせいで、溶岩があまり下に引っぱられないので、のびのびと大きくなれたんだ。オリンポス山の火山活動は10億年以上も前に止まっているけれど、活動していたころは、地下の氷が溶けて水が流れていたようで、水の流れていた跡が、あちこちで見られるよ（→Q40）。

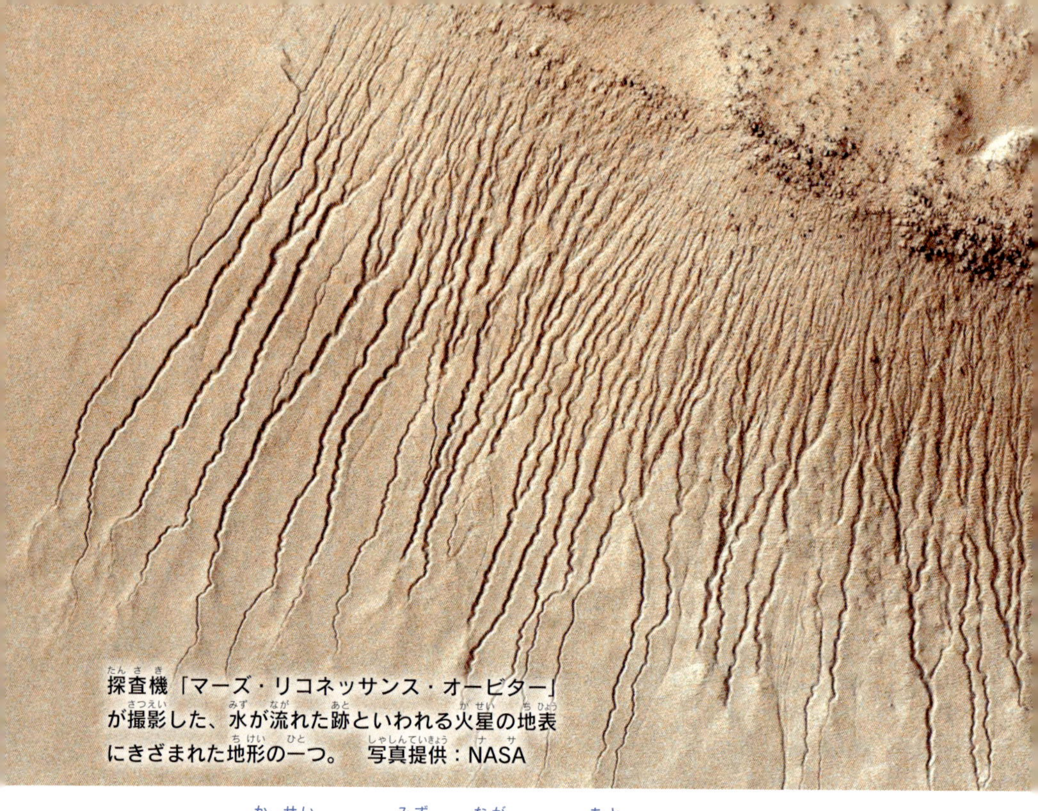

探査機「マーズ・リコネッサンス・オービター」が撮影した、水が流れた跡といわれる火星の地表にきざまれた地形の一つ。　写真提供：NASA

Q40. 火星には水が流れた跡があるって、ほんと？

昔、火星にはタコのような姿の火星人がいると思われていた。火星には長さが4000kmもある、マリネリス渓谷とよばれる深い谷があり、それを地球から望遠鏡で見た昔の人は、火星人が建設した運河だと思ったからだ。巨大な運河があるなら、それをつくることができる、頭のいい火星人がいると思ったんだね。
しかし、1976年に「バイキング１号」と「バイキング２号」が探査した結果、火星は、運河どころか水もない、砂漠のような世界であることがわかった。
ところがそのあと、何度も探査した結果、火星の表面に水が流れた跡がたくさん見つかった。35億年以上前には、火星には川があり、水が流れていたんだ。くわしく調べてみたところ、大昔には、大気も海もあったらしいとわかった。
しかし、火星は地球よりも小さく、重力も弱かった。そのため、火星の表面にできていた大気も水も、宇宙へ逃げてしまったんだ。もし、地表に水が残っていたら、今ごろ火星人の友だちがいたかもしれないのに、残念だね。
でも、長年の探査の結果から、火星の地下には、今も水が残っているようだと考えられるようになってきた。水は液体の状態なのか、氷なのかは、まだわからない。ともかく、物質としての水の存在は、かなり確からしいということだ。

「ハッブル宇宙望遠鏡」が撮影した火星。白く見える部分が氷。氷は水ではなく、二酸化炭素が凍ったドライアイスだ。暖かい季節は、極にできる氷が小さい。 写真提供：NASA

寒い季節は、極にできる氷が大きい。

Q41. 火星にも四季があるって、ほんと？

火星にも、地球と同じように春夏秋冬があるよ。季節の変化は、自転軸のかたむきから生まれる。かたむいていると、太陽のまわりを回る1年間に、光の当たりかたが変わるからだ（→Q22）。緯度が高い地方ほど、その変化が大きい一方、反対に赤道付近は、一年じゅう光が当たりつづけるため、変化はとぼしい。そのため、はっきりした四季があるのは、ちょうど日本ぐらいの緯度の地域だ。火星は、大きさが地球の半分ぐらいしかないけれど、地球と同じように地軸がかたむいていて、そのかたむきが四季を生みだしているんだ。火星のかたむきは約25度、地球のかたむきは約23.5度。同じような角度でかたむいているんだね。火星と地球のちがいは、火星は太陽のまわりを一周するのに、地球の時間で約687日かかるため、各季節の長さが地球の約2倍になることだよ。

でも、火星には樹木が生えていないので、新緑も紅葉も楽しめない。それに火星はほとんどの場所が0℃以下。もっとも気温の高い赤道付近でも20℃ぐらいしかない、どちらかというと寒い惑星だ。将来、火星にすむことができたとしても、四季があるからといって、季節ごとの特徴というのは、地球ほどは味わうことができないかもしれないね。

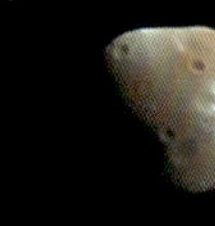

火星（左）と、衛星のフォボス（中）、ダイモス（右）。写真を組み合わせてつくったもの。フォボスは内側を、ダイモスは外側を回っている。
画像提供：NASA

Q42. 火星の衛星は、どうしてまるくないの？

火星には、フォボスとダイモスという、2つの衛星がある。フォボスは「恐怖」、ダイモスは「混乱」というような意味のギリシャ語だ。火星が赤いために「戦い」がイメージされ、その惑星の衛星ということで、こんな名前になったんだ。
それにしても、2つとも、いびつな形だね。月はまるいのに、なぜだろう？
それには重力が関係しているという説がある。天体ができるときには、ガスや岩などが集まって大きくなる（→Q1）。そのとき、ある程度の大きさがあれば、その天体自身の重力に内部から引っぱられて、きれいな球形になる。でも、天体が小さいと、重力が弱く、きれいな球形にならない。月は直径約3500kmだけど、フォボスは直径約20km、ダイモスは約10km。きれいな球形になるには、少し小さすぎたようだ。また、フォボスもダイモスも、大きな天体が火星の重力で破壊されてできたので、いびつな形をしているという説もあるよ。
ところで、ダイモスは月と同じように東から昇って、しずむまでに60時間必要だ。一方、フォボスは西から昇って、4時間ぐらいで東へしずむ。フォボスは、火星の自転速度の約3倍の速さで火星を回っているので、このような現象が起こるんだ。火星の「お月見」は、地球とは、だいぶようすがちがうようだね。

木星は明るいときには－2.5等星だ。夜空にとても明るく見えるが、自分でかがやいているわけではない。　写真提供：八板康麿

Q43. 木星は太陽になりそこねたって、ほんと？

木星には、地球のような、かたい地面はない。なぜなら木星は、気体の状態の水素が90%、ヘリウムが10%ぐらい集まってできている、ガスの惑星だからだ。つまり木星は、巨大なガスのかたまりというわけだ。その点では、太陽と同じなんだけど（→Q5）、自分で光を出すことはなく、ほかの太陽系の惑星と同じように、太陽の光を反射してかがやいているよ。

木星は、太陽系のなかで、いちばん大きな惑星で、直径は地球の約11倍、体積は約1300倍もある。重さは、太陽系のほかの惑星を全部合わせて、さらに2倍してもまだ足りないくらい重い。でも、太陽のように自分でかがやくには、もっともっと重くないといけないんだ。

どうして重さが必要かというと、重いと、星の中心に向かって圧力がかかる。重みがかかればかかるほど、どんどん熱くなる。その熱が1000万℃ぐらいになったとき、水素はヘリウムという別の気体に変化する。そのときに核融合反応が起こって、熱や光を生じるんだ。その反応が起こるには、木星はまだまだ軽く、あと80倍ぐらいの重さにならないと、太陽のようにはなれないという。だから、「太陽になりそこねた」とまでは、ちょっと言えないかもしれないね。

探査機「カッシーニ」が撮影した木星。しま模様は、緯度によって雲の流れるスピードがちがうためにできる。　写真提供：NASA

探査機「ボイジャー1号」が撮影した、木星の表面。右上が「大赤斑」。　写真提供：NASA

Q44. 木星の1年は365日じゃないって、ほんと？

1年というのは、その惑星が太陽のまわりを一周するのにかかる時間のことだ。地球の1年は約365日（→Q20）で、この日数のことを「公転周期」という。公転周期は惑星によってちがい、木星の場合は地球の時間で約4332日。365日で割ると、約11.86年。木星の1年は、地球の約12年分ということになる。

そして、あたりまえのことだけど、公転周期は、太陽からの距離が遠い惑星ほど、長くなる。太陽系の惑星のなかで、もっとも短い公転周期は、水星の約88日（→Q35）、もっとも長い公転周期は、海王星の約164.8年だ。

ところで、木星の1年はとても長いけれど、反対に、木星の1日はとても短い。1日というのは、その惑星自体が1回転するのにかかる時間のこと。

この時間を「自転周期」という。地球の自転周期は約24時間だけど、木星は約10時間で1回転してしまうんだ。太陽系で最大の惑星なのに、このスピードはすごいよね。表面のしま模様も、自転のスピードがとても速いために、雲が引きずられてできるものだよ。

太陽系の惑星は、重いほど自転周期が速い。2番目に大きい土星は、約10時間半で1回転し、高速で回転するため、上下に押しつぶされた形をしているんだ。

X線天文衛星「チャンドラ」と「ハッブル宇宙望遠鏡」の撮影による画像を合成してつくった木星のオーロラ。オーロラの部分だけ色がついて見える。　写真提供：NASA

Q45. 木星でもオーロラが見えるって、ほんと？

オーロラは、南極や北極付近で見られる天文現象だね。美しい幕のように光がたれさがって見えるので、「光のカーテン」なんてよばれている。

オーロラのもとになっているのは、「荷電粒子」という太陽からくる電気の粒だ。地球は、大きな磁石みたいな状態で、宇宙に浮かんでいる。太陽から飛んできた電気の粒は、磁力に引っぱられて、北極や南極に向かって落ちていく。このときに、電気の粒が地球の空気に当たってかがやくのが、オーロラだ。

オーロラは、地球だけで起こる天文現象ではなくて、木星や土星、天王星や海王星でも起こる。どうやら、磁石のような性質を持っている惑星では、すべてオーロラが起こるらしい。

残念なことに、わたしたちは木星のオーロラを見ることができない。それは、遠くはなれているからというだけではない。木星のオーロラは、わたしたちの目では見ることができない、紫外線で光っているからだ。でも、1970年代の後半に、探査機「パイオニア」や「ボイジャー」は、紫外線も写すことのできるカメラで、木星や土星のオーロラを撮影することに成功した。

望遠鏡で木星を見たら、その夜空にかがやくオーロラを思いえがいてみよう。

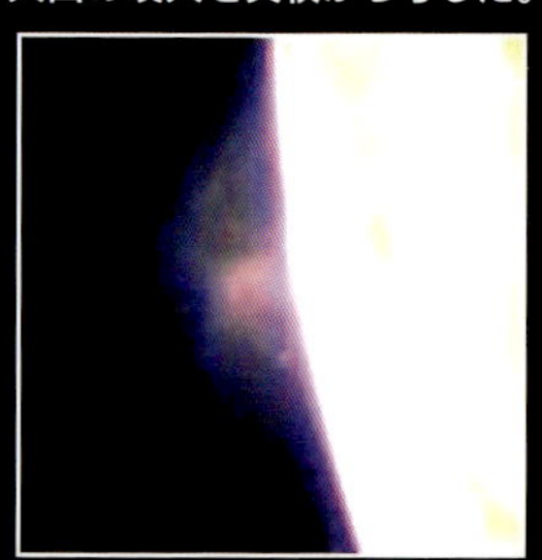

火山の噴火を真横から写した。

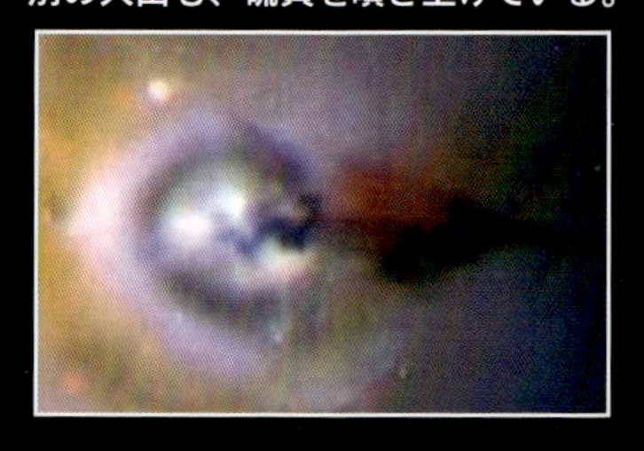

別の火山も、硫黄を噴き上げている。

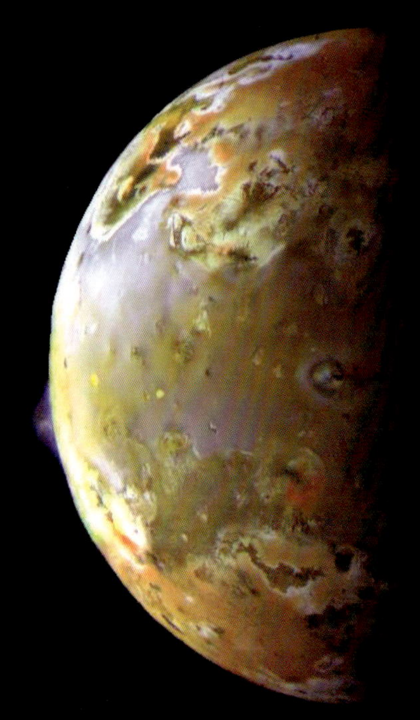

探査機「ガリレオ」が撮影した、木星の衛星イオ。　写真提供：NASA

Q46. 木星の衛星には海や火山があるって、ほんと？

木星には、67個の衛星があるけれど、とくに有名な衛星は、イオ、エウロパ、ガニメデ、カリストの4つだ。この4つは、イタリアの天文学者ガリレオ・ガリレイが400年以上も昔に発見したもので、まとめて「ガリレオ衛星」とよぶ。
イオには、今も活動中の火山があることを、惑星探査機「ボイジャー1号」が発見した。硫黄が数百kmの高さに噴き上がっているようすも観察されている。
エウロパは、表面が氷でおおわれているけれど、氷の下には海があるかもしれないといわれている。
ガニメデは、直径が約5268kmもあり、太陽系の衛星のなかでもっとも大きい。おどろいたことに、惑星の水星より、ガニメデのほうが大きいんだ。2015年3月、NASA（アメリカ航空宇宙局）は、ガニメデの地下に海がある証拠を見つけたと発表した。地球と同じ塩水の海で、水の量は地球の海よりも多いそうだ。水があるのなら、生命が見つかるかもしれない。期待がふくらむね。
カリストは、太陽系の衛星では、ガニメデ、土星の衛星タイタンについで、3番目に大きい。表面は氷でおおわれていて、クレーターが多い。とくに、バルハラと名づけられたクレーターは大きく、直径が3000km以上もあるよ。

惑星探査機「カッシーニ」が、土星から約4770万kmの距離から撮影した土星。
環のまん中にある黒い部分が、「カッシーニのすき間」だ。　写真提供：NASA

Q47. 土星の環は、どうしてばらばらにならないの？

土星の環は、幅は6万kmぐらいといわれているけれど、厚さはたった数十～数百mしかない。大きさのわりに、とてもうすいね。遠くから見ると、1枚の板のように見えて、上を歩いてまわれそうだ。でも、環は板ではなくて、氷の粒が集まったものなんだ。氷の粒の大きさは、数μmほどの小さなものもあれば、数mもある大きなものまで、大小さまざまだよ。

よく見ると、環は内側から外側まで、1000以上もの細い環が集まってできている。とちゅうで、環と環の間がはなれているところもある。とくに広いすき間は、発見した人の名前をとって「カッシーニのすき間」とよばれているよ。

環は、本体の土星の自転とは別に動いていて、土星のまわりを半日から1日で回っている。そのように、かなり速いスピードで動いているのに、環はけっして、ばらばらになることはない。どうしてかというと、環のすき間のところどころに、衛星もあるからなんだ。それらの衛星は、環をつくっている氷の粒とともに、土星のまわりを回っているんだけど、衛星の重力がはたらくことで、環の形がくずれない。そのようすが、まるで羊の群れをまとめる牧羊犬のようだということで、これらの衛星は「羊飼い衛星」とよばれているよ。

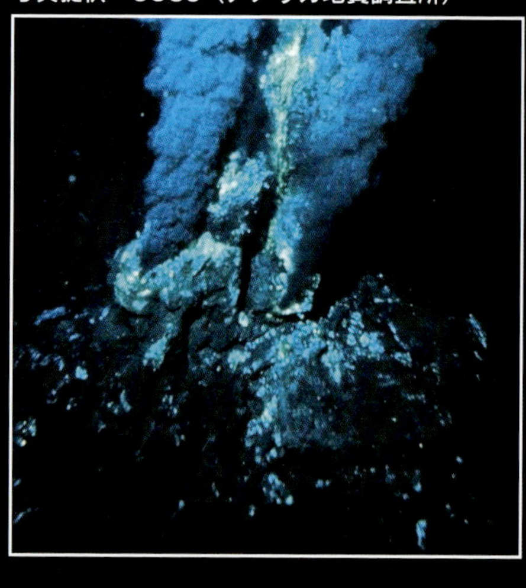

地球の深海にある、熱水噴出孔。熱い湯が海底の割れ目から噴き出している。エンケラドスでもこのような現象が起きているのかもしれない。
写真提供：USGS（アメリカ地質調査所）

探査機「カッシーニ」が撮影した、土星の衛星エンケラドス。厚い氷におおわれている。　写真提供：NASA

Q48. 土星には地球に似た衛星があるって、ほんと？

土星には、エンケラドスという衛星がある。1789年に、天文学者ウィリアム・ハーシェル（→Q51）によって発見された、直径500 kmぐらいの衛星だ。
エンケラドスは、厚い氷におおわれた衛星だ。でも、氷の下には海があるらしい。1997年、NASA（アメリカ航空宇宙局）が打ち上げた「カッシーニ」という探査機で調査したところ、エンケラドスの表面に、地熱で温められた水蒸気や熱湯が噴き出す、温泉のような場所が見つかった。どうやら、海底に熱水が噴き出している場所があるらしい。このことは、実験によっても確かめられたよ。
じつは、その熱水の噴出する場所は、地球で最初に生命が誕生したのではないかと考えられている「熱水噴出孔」という場所と、よく似ているんだ。
熱水噴出孔は、地球では海の深いところにあるんだけれど、そこからは文字どおり、熱水が海底から噴き出している。その熱水には、栄養となるものがふくまれていて、それを利用する、原始的な生命が生まれたと考えられているんだ。
生命といっても、ごく小さな微生物だけれど、地球では、それが長い時間をかけて進化し、多くの生きものがあらわれた。だから、エンケラドスでも、そういう微生物が誕生しているのではないかと期待されているんだよ。

雲も、オレンジ色をしている。

探査機「カッシーニ」が3つの波長で撮影したデータをもとに合成した、タイタンの写真。オレンジ色に光って見えるのは、太陽光を反射して光るメタンの湖だ。　写真提供：NASA

Q49. 土星の衛星タイタンには、メタンの湖があるの？

メタンは、常温では色もにおいもないガスで、低温になると液体になる。地球では、天然ガスの一種として採掘されていて、エネルギーとして利用されている。土星の衛星タイタンは、表面の温度が－180℃。だからタイタンでは、メタンが蒸発することなく、液体のまま存在して、湖になっているんだ。空にはメタンの雲が浮かんでいて、メタンの雨も降るそうだ。

タイタンは直径約5150km。土星に65個ある衛星のなかではもっとも大きく、太陽系の衛星のなかでは、木星の衛星ガニメデの次に大きい。大気は、ほとんどが窒素でできている。窒素は、太陽の光が当たると「光化学スモッグ」に変化する。タイタンでは、その光化学スモッグが、地面から200kmぐらいの高さまで、ひろがっているんだ。そして、この光化学スモッグが太陽の光をさえぎってしまうので、タイタンの表面の温度は、とても低いんだ。

タイタンの大気は濃くて、オレンジ色に光っているので、探査機「カッシーニ」から表面のようすを見ることはできなかった。でも、2005年、「カッシーニ」から投下された小型探査機「ホイヘンス」による探査がおこなわれ、表面のようすを撮影した。地表にはなんと、氷のかたまりがごろごろころがっていたよ。

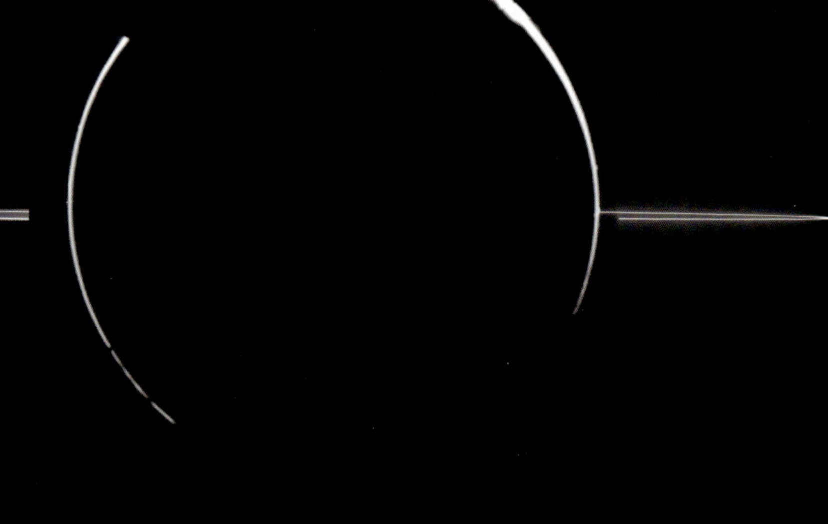

探査機「ボイジャー1号」が逆光で撮影した木星と、その環。　写真提供：NASA

Q50. 環のある星は土星だけではないって、ほんと？

環のある星というと、土星がいちばん有名だけど、木星、天王星、海王星にも環があるよ。土星もふくめて、どれも、ガスでできている大きな惑星だ。

木星の環は、1979年に「ボイジャー1号」によって発見された。幅6400 km、厚さ30〜300 kmで、土星の環よりも細い。だから地球からは、天体望遠鏡を使っても観察できないんだ。環は、木星の衛星イオにある火山が噴火したとき、噴き出た岩石の小さな粒が集まったものと考えられているよ。

天王星の環（→Q52）の幅は最大20〜100 km。天王星のまわりを回っていた衛星がこわれてこなごなになり、環になったらしい。ハーシェル（→Q51）も環の観察をしていたけれど、正式に発見されたのは、それから約200年も後の1977年。天王星が、星座の星の前を横切ったとき、星の光をさえぎったことがきっかけだ。1986年には、「ボイジャー2号」が直接、観測をしているよ。

海王星の環は、1989年に「ボイジャー2号」によって確認された。天王星と同じように、約150年前から環があるといわれていたけれど、環の一部分だけが明るく、それ以外は暗かったため、不完全だと思われていた。でも、「ボイジャー2号」のおかげで、とても細いけれど4本の完全な環が明らかになった。

ウィリアム・ハーシェルの本職は音楽家だったが、天文学者としても活躍し、自分でつくった天体望遠鏡で天王星を発見した。
イラスト提供：加藤愛一

Q51. 天王星や海王星って、どうやって発見されたの？

水星、金星、火星、木星、土星の５つは、肉眼でも見ることのできる明るい星だ。だから、天体望遠鏡なんて発明されていない大昔から、知られていた。
でも、天王星の明るさは約６等級で、空のきれいなところで、かろうじて見えるぐらいの暗い星。海王星は、もっと暗くて約８等級ぐらい。そんな星がどうやって見つかったかというと、なんと、そのきっかけは偶然だったんだ。
最初に発見されたのは、天王星だ。1781年3月13日に、イギリスの天文学者ウィリアム・ハーシェルが夜空を天体望遠鏡で観測しているとき、見なれない星を発見した。最初は、すい星だと思っていたけれど、調べてみたら、土星よりもずっと遠くにある惑星だということがわかった。
じゃあ、もっと遠くにも太陽系の惑星があるかも？　そう考えた天文学者たちは、天王星より遠くに惑星があるとしたら、どこにあるかを計算してみたんだ。
計算は、フランスの天文学者ルベリエがおこなった。そして、1846年9月23日、ベルリン天文台のガレが、海王星を発見した。同じ時期にイギリスのアダムスも海王星の位置を計算してつきとめた。だから海王星は、ルベリエ、アダムス、ガレの３人の発見とされているんだ。

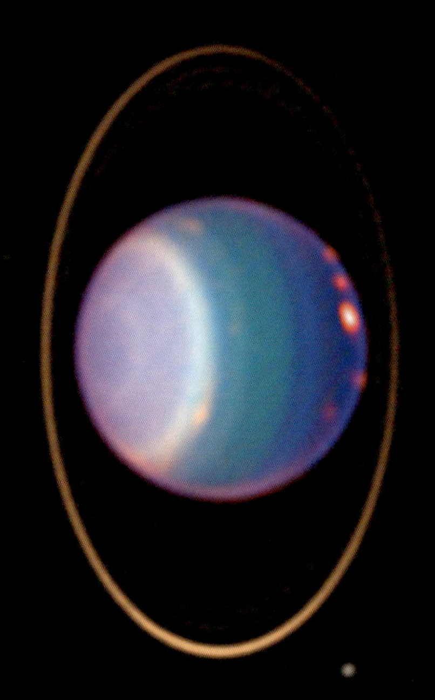

「ハッブル宇宙望遠鏡」が撮影した天王星。横にたおれて公転しているので、環の向きが、木星や土星とはまったくちがう。　写真提供：NASA

Q52. 天王星では昼と夜が42年つづくって、ほんと？

日本では一年じゅう、昼と夜が交代でやってくるね。でも、北極や南極のまわりでは、ずっと昼だったり、夜だったりすることがある。なぜかというと、地球は少しかたむきながら太陽のまわりを回っていて、季節によって、光が当たりっぱなしのところと、まったく当たらないところができるからだ（→Q22）。
地球のかたむきは約23.5度。たったそれだけで、こうなるんだけれど、天王星は約98度もかたむいている。つまり、ほぼ真横にたおれた状態で太陽のまわりを回っているんだ。だから、太陽の片側を回っているときには、ずっと昼がつづき、反対側を回りはじめると、ずっと夜がつづくんだ。天王星の公転周期は地球の時間で約84年。つまり84年かけて太陽のまわりを回っているので、その半分の42年間ずつ、昼と夜の期間があるんだよ。
横にたおれてしまったのは、太陽系ができたころに、ほかの天体と衝突したからだといわれている。でも、くわしいことは、ぜんぜんわからないんだ。
かたむきの角度は、惑星によってちがう。火星、土星、海王星は、だいたい地球ぐらいだけれど、水星は0度、木星は約3度。ところが金星は約177度もかたむいている。球形だから気づきにくいけど、じつは逆さまになっているんだ。

「ボイジャー2号」が撮影した海王星。強風のため、雲がすじ状に流れている。左上の青色の濃い部分は、「大暗斑」とよばれる雲の低いところ。白いところは、「スクーター」とよばれる雲の高いところ。　写真提供：NASA

Q53. 海王星ではいつも強風が吹いているって、ほんと?

そう、海王星では、太陽系でもっとも風速の速い強風が、いつも吹いているんだ。風速は、時速約2000km。地球とちがって、風がやむことはないという。地球でも、台風のときには、強い風が吹いて、家がたおれてしまうことがある。そんなものすごい風でも、秒速100mぐらい。秒速100mというのは時速360kmぐらいだから、海王星に吹きあれている風は、そのおよそ5.5倍ということになるね。想像もつかないくらいの強さだけど、この風にのって海王星のまわりを回る白い雲があって、「スクーター」と名づけられているよ。
海王星は、地球の約4倍もある大きな惑星だ。それなのに、自転のスピードは地球よりも速くて、約16時間で1回転してしまう。だから、いつも強風が吹いているんだ。
海王星の英語の名前は「ネプチューン」という。これは、ローマ神話に出てくる海の神さまの名前で、惑星が青い色をしていることから名づけられた。じゃあ海王星には海があるんだ！と思った人、残念でした。海王星は、ガスが集まってできている星で、かたい地面というものがなく、海もない。海王星の青い色は、メタンガスの色なんだ。

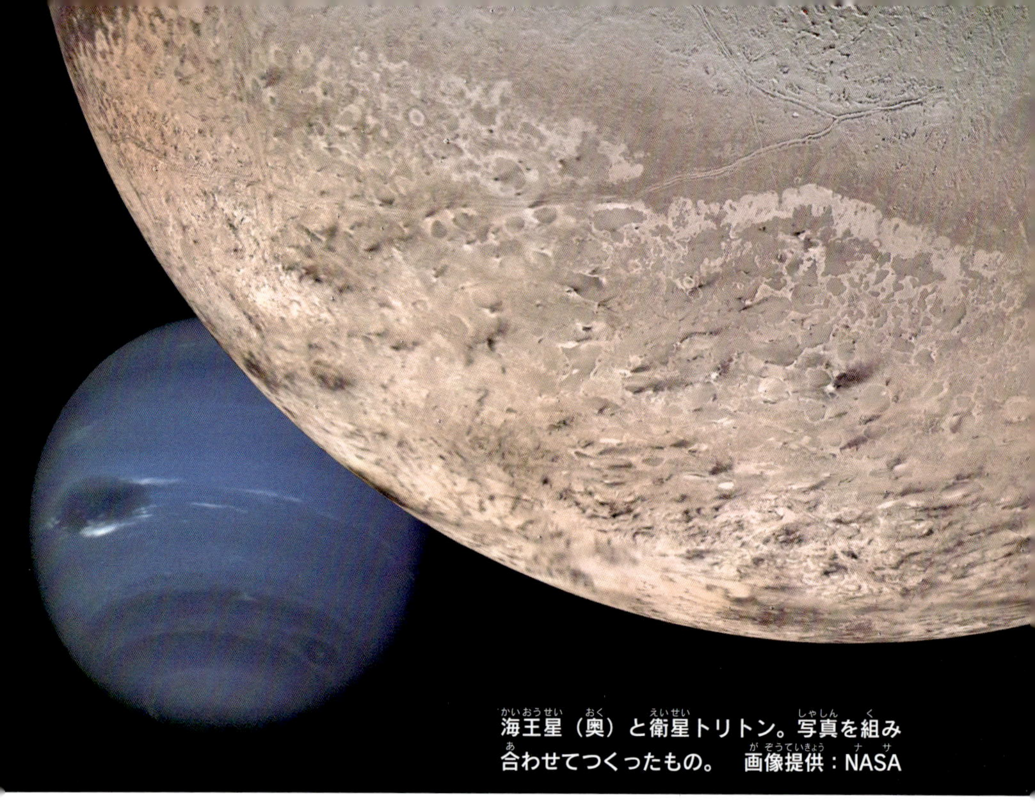
海王星（奥）と衛星トリトン。写真を組み合わせてつくったもの。　画像提供：NASA

Q54. 海王星の衛星トリトンは、公転が逆回りなの？

トリトンは、海王星の公転の方向とは、逆の方向に公転している衛星だ。このような衛星のことを「逆行衛星」とよぶよ。惑星と同じ方向に公転している衛星は「順行衛星」で、太陽系の衛星の大部分は順行衛星だ。
海王星には、14個の衛星がある。トリトンはそのうちの一つで、1846年に発見された。大きさは、直径約2700 km。月の４分の３ぐらいの大きさで、海王星の衛星では最大だ。太陽から遠いため、表面温度は－235℃。活火山があるんだけれど、あまりにも寒いので、噴煙は凍った氷の状態で出てくるんだって。
太陽系には、ほかにも逆行している衛星がある。土星の逆行衛星のフェーベは、直径約200 kmだけれど、木星の逆行衛星の集まりの「アナンケ群」と「カルメ群」は、各衛星の直径が数十kmほど。トリトンは、けたはずれに大きいんだ。こんなに大きな天体が逆行していることから、トリトンはもともと、海王星よりずっと遠くにあったと考えられている。それが、海王星の重力に引っぱられて、とらえられてしまったようだ。海王星の引っぱる力は今もはたらいていて、トリトンは公転する軌道を少しずつせばめながら、海王星に近づいている。いつか、ぶつかるだろうけれど、それは何億年も先のことだろうね。

恒星を横切る「ケプラー16b」（黒っぽい星）の想像図。ケプラー16bは2つの恒星（白っぽい星、赤っぽい星）をもつことが明らかになった、はじめての系外惑星。　画像提供：NASA

Q55. 系外惑星って、どうやって発見するの？

「系外惑星」というのは、太陽系以外にある惑星のことだ。空にかがやいている星は、太陽系の惑星や、月以外は、どれも太陽のように自分でかがやいている恒星だ。恒星なら、太陽と同じように、そのまわりを回る惑星があるはずだ。もしかすると、人間がすめるような、地球のような惑星もあるかもしれない。

系外惑星のさがしかたには、おもに、つぎの2つがある。

1つめの方法は「ドップラー法」で、光は近づくときは青く、遠ざかるときは赤く見える性質を利用している。恒星のまわりに惑星がある場合、恒星も惑星の重力の影響で、少し位置が動く。その動きを色の変化で調べる方法だ。

2つめの方法は「トランジット法」という。恒星のまわりを惑星が回っていると、恒星の前を横切るときがある。そのとき、わずかだけど恒星の光をさえぎるために暗くなる。その現象を調べることで、惑星を見つけるんだ。

系外惑星の探査は、1940年代からはじめられた。でも、まったく見つからないまま、50年がすぎた。やっと見つかったのは、1995年（→Q12）。その間に技術もずいぶん進歩して、今では1000個以上の系外惑星が発見されている。そして、その数はこれからもますます増えるだろう。

はじめて発見された系外惑星「ペガスス座51b（ディミディウム）」（手前）の想像図。恒星に近いところにあるため、燃えるように熱い。　画像提供：NASA

Q56. 今まで、どんな系外惑星が見つかったの？

系外惑星として、1995年にはじめて見つかった「ペガスス座51b」（→Q12、Q24）は、ペガスス座の方向にある惑星。木星の半分ほどの大きさのガス惑星なので、後にラテン語で「半分」の意味の「ディミディウム」と名づけられた。表面温度は1000℃以上で、生命はいそうもない。でも、系外惑星の発見はむずかしいのではないかと思われていたので、発見には大きな意味があった。

これまでに発見されている系外惑星は、大きく2つのタイプに分けられる。1つめは、木星のようにガスでできた惑星で、恒星との距離が近いために燃えるように熱い、「ホットジュピター」といわれるタイプ。「ジュピター」は木星の英語名だ。2つめは、地球のように岩石でできた惑星で、「スーパーアース」といわれるタイプ。「アース」はもちろん、地球の英語名だね。

系外惑星の発見第1号「ペガスス座51b」は、ホットジュピターのタイプ。そして、てんびん座の「グリーゼ581」という恒星のまわりにある「グリーゼ581c」は、スーパーアースのタイプだ。スーパーアースとよばれている系外惑星のなかには、空気や水があるかもしれない惑星も見つかっている（→Q24）。そこには、地球のように生命がいる惑星もあるかもしれないね。

火星探査車「キュリオシティ」（→Q78）が撮影した火星のようす。
いつか、人間がすめる星になるだろうか。　写真提供：NASA

Q57. 人間がすめそうな惑星や衛星は、太陽系にある？

人間が生きるためには、まず、かたい地面が必要だ。地面は、あってあたりまえと思うかもしれないけれど、太陽系では、地面があるのは水星、金星、地球、火星の４つだけ。木星と土星はガスのかたまり、天王星と海王星も氷とガスのかたまりだ。でも、木星や土星の衛星には、かたい地面があるものもあるよ。
水も必要だけど、水は熱いと蒸発してしまうし、寒いと凍ってしまう。つまり、太陽に近すぎても遠すぎても、だめってこと。水星と金星は、太陽に近すぎて400℃以上になる。木星や土星の衛星は、遠すぎて寒い。考えると、太陽系で人間が生きていけそうな惑星は、地球以外は火星だけ。火星も寒いけれど、赤道付近なら夏は20℃ぐらいになるし、地下には氷があるといわれているからね。
地球以外の天体を、地球のように変える計画を「テラフォーミング（惑星地球化）計画」という。火星の場合、まず、寒さを解決する必要がある。そこで考えだされたのが、宇宙空間に鏡を設置して太陽の光を反射させ、極冠のドライアイス（→Q41の写真）を溶かす方法だ。ドライアイスは、二酸化炭素の凍ったものだ。溶けて二酸化炭素が大気に増えると、その温室効果で、火星全体が温まる。でも、計画を実行するには、ものすごいお金と時間がかかるだろうね。

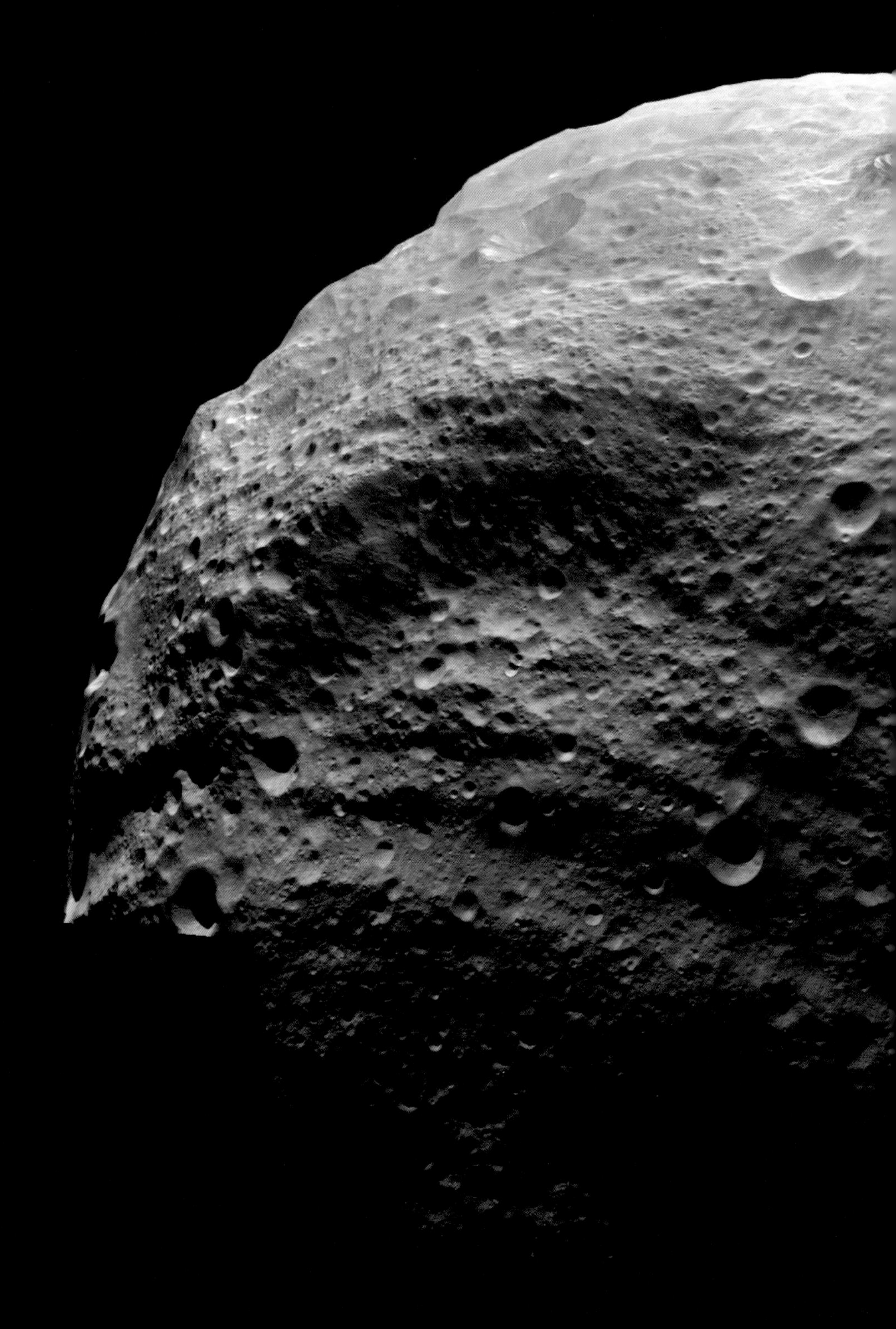

探査機「ドーン」が撮影した小惑星ベスタ。
写真提供：NASA

第4章 すい星と小惑星のふしぎ

すい星は、太陽系の果てからあらわれる小さな天体。
小惑星は、惑星にはなれなかった小さな天体だ。
小さくても、すい星や小惑星には、生命の起源の
なぞを解く手がかりがあるのではないかと考えられていて、
さまざまな探査もおこなわれているよ。

しし座流星群の流れ星（アメリカ・アリゾナ州のモニュメントバレーで撮影）。　写真提供：八板康麿

Q58. すい星と流れ星は、どうちがうの？

「すい星」は、太陽のまわりを公転している天体の一種だ。「ハレーすい星」や「ヘール・ボップすい星」などが有名だね。すい星の本体は氷と岩のかたまりで、大きさは数kmから数十kmだ。氷がところどころに混じっていて、その氷が太陽に近づいて溶けると、ちりやガスが噴き出して、「尾」になる（→Q59）。そして、すい星は、流れ星のように一瞬で消えることはなく、何日もつづけて見える。毎日見ていると、尾の長さや位置が変わるようすが観察できるよ。

「流れ星」のほうの正体は、すい星がまきちらしたちりだ。ちりの正体は、ケイ素や炭素、鉄などの粒で、この粒が落下してくるとき、地球の大気と衝突して光って見える。ちりは大きくても数mm程度と、とても小さいために、すぐに燃えつきてしまうので、流れ星は、すーっと流れて消えるんだ。

流れ星で、夜空の一点から放射状に見られるものを「流星群」という。流星群はすい星の「落とし物」なので、見ごろは、すい星の軌道を計算すればわかる。でも、夜空を見ていると、流星群ではない、単独の流れ星もあるね。これらも昔は流星群にふくまれていた。すい星があらわれてから時間がたっても、まだ残っているものもあって、それらが流れ星として落下してくるんだ。

長い尾を見せる、ラヴジョイすい星。　写真提供：八板康麿

長い尾をひいて夜空にあらわれたヘール・ボップすい星。ガスの尾（上）とちりの尾（下）の2本が見える。
写真提供：八板康麿

Q59. すい星は、どこからくるの？

「すい星のふるさと」としては、軌道を計算して、2つの候補地があげられている。1つは、海王星の外側にある「エッジワース・カイパーベルト」という場所で、もう1つは、太陽系をぐるりとかこむようにひろがる「オールトの雲」という場所だ（→Q69）。本来なら、そこにあるものが、なにかのはずみで太陽の重力に引っぱられ、軌道をもって回りはじめたものが、すい星だ。
わたしたちは、すい星は尾をひいているものと思っているけれど、尾はいつもあるわけではない。太陽からはなれたところにあるときは、氷はしっかり凍ったままだ。でも、太陽に近づくと、熱で氷が溶けて蒸発し、ちり（→Q58）が放出され、尾があらわれる。また、氷には二酸化炭素や一酸化炭素などのガスがふくまれていて、これらも噴き出して尾になる。ちりの尾は軌道にそって後ろに流れるけれど、ガスの尾は太陽風に吹かれて太陽と反対方向にまっすぐにのびる。だから、すい星の尾は、かならず2本になるんだ。すい星の本体である「核」からも、ちりやガスが出て、ぼんやり光って見える。これには「コマ」という名前がついているよ。尾やコマは太陽から遠ざかるにつれて消えていき、太陽の熱が届かなくなると、すっかりなくなって、もとの天体にもどるんだ。

地球に接近中のハレーすい星（オーストラリア・エアーズロックで撮影）。　写真提供：八板康麿

Q60. ハレーすい星は、どうして何度も地球にくるの？

すい星にも軌道があって、太陽系のほかの惑星と同じように、太陽のまわりを公転している。ただし、軌道の形や長さは、すい星によって、かなりちがう。軌道が短ければ何度も見られるけれど、なかには軌道が何万年と長いものもある。そのようなすい星がふたたび太陽や地球に近づくのは、はるか先のことだ。有名なハレーすい星は、軌道がわりあい短かった。それで、くりかえし見られるんだ。このようなすい星のことを「短周期すい星」という（→Q69）。ハレーすい星は、紀元前にも記録があったけれど、昔は、何度もきているとは考えられていなかったんだ。でも、イギリスの天文学者エドモンド・ハレーは、昔の記録を調べて、1531年と1607年のすい星が、1682年のものと似ていることを発見した。そして1758年ごろ、またもどってくると予想したんだ。そして予想どおり、1758年のクリスマスの夜、ハレーすい星がふたたびあらわれた。ハレー自身は1742年に亡くなって、見ることはできなかったけれどね。

すい星のなかには、公転速度が速いものもあって、太陽の重力をふりきり、遠い宇宙に飛んでいってしまうものもある。また、木星のように重力の強い天体のそばを通ったときに軌道がずれて、太陽につっこんで消えるものもあるんだ。

探査機「ジオット」が撮影した、ハレーすい星の核。ジャガイモのような形で、長さ約15km、幅約8km。表面には山やクレーターもあった。　写真提供：ESA

Q61. すい星に行った探査機はあるの？

ハレーすい星のように、あらわれる時期がはっきりわかれば、探査機を飛ばせる。ハレーすい星が前回、地球に近づいた1986年には、世界じゅうの探査機が観測した。日本は「すいせい」と「さきがけ」の2つを打ち上げて、「すいせい」は紫外線で写真を撮影し、「さきがけ」はすい星の近くの太陽磁場を観測した。そのとき、旧ソビエト連邦は「ベガ1号」と「ベガ2号」を、ESA（欧州宇宙機関）は「ジオット」を、それぞれ打ち上げた。「ジオット」は1986年3月14日、ハレーすい星に最接近して、歴史上はじめて「核」の撮影に成功した。また、2001年には、アメリカの探査機「ディープスペース1」が、ボレリーすい星を撮影した。ボレリーすい星の核は長さ約8km、幅約4kmで、ボーリングのピンみたいな形をしていたよ。

ESAが2004年に打ち上げた探査機「ロゼッタ」は、打ち上げから10年後の2014年8月、チュリュモフ・ゲラシメンコすい星の近くに到着。11月12日、すい星の地表に着陸機を投下し、はじめて、すい星への着陸に成功したんだ。そして、内部の構造や水の成分を調べた。調査した岩石からは有機物が発見され、地球の生命の起源を明らかにする手がかりになるのではと期待されている。

探査機「ロゼッタ」が撮影した、チュリュモフ・ゲラシメンコすい星の核。ピーナツの殻のような形で、さしわたしの長さ約8km。　写真提供：ESA

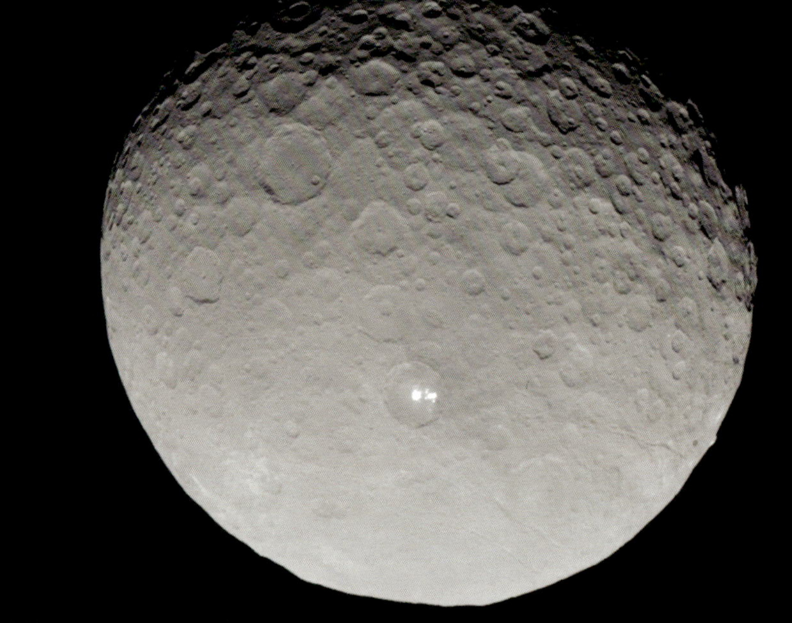

探査機「ドーン」が撮影した準惑星ケレス。まんまるい形だ。　写真提供：NASA

Q62. 準惑星、小惑星って、なに？

「準惑星」は、惑星と同じように、太陽のまわりを公転していて、自分の重力でまるくなれる大きさがある天体。惑星とのちがいは、公転軌道の近くに、ほかの天体があるかどうかだ。惑星は、軌道の近くにほかの天体はないけれど、準惑星は、ほかの天体がある。準惑星は惑星より小さく、重力も小さいので、小さな星をとりこむことも、軌道を乱してはじき飛ばすこともできないんだ。
冥王星は2006年に、惑星から準惑星になってしまった。昔は、地球と同じくらい大きいと思われていたけれど、性能のよい望遠鏡が開発され、よく観察したら、月よりも小さく（→Q64）、軌道には無数の天体があったからなんだ。
「小惑星」も、太陽のまわりを公転している。でも、自分の重力でまるくなれるほどの大きさがないため、いびつな形をしているんだ。たとえば「はやぶさ」が探査したイトカワは、水に浮くラッコのような形をしているよね（→Q71）。
小惑星は、火星と木星の間にたくさんある。そのため、そこは「小惑星帯」とよばれている。イトカワも、小惑星帯にある天体の一つだ。
小惑星帯で最大の天体「ケレス」は、最初は小惑星とされていた。しかし、自分の重力でまるくなっていたので、2006年に準惑星に変更されたんだ。

探査機「ニューホライズンズ」が撮影した冥王星。右下のハート型に見える部分は「トンボー領域」とよばれている。　写真提供：NASA

手づくりの天体望遠鏡の前に立つ、冥王星の発見者のトンボー。
写真提供：ニューメキシコ大学

Q63. 冥王星は、どうやって見つかったの？

冥王星が発見されたのは、1930年2月18日。見つけたのは、アメリカのクライド・トンボー（1906～1997）だ。トンボーは、家庭の事情で大学に進めなかったけれど、ひとりで宇宙の勉強をつづけた。その努力がみのって、23歳のときに天文台に就職。そして、たった1年で、冥王星を発見したんだ。

トンボーがどうやって冥王星を発見したかというと、同じ方向の夜空の写真を時間の間隔をあけて撮影し、2枚の写真を見くらべるというもの。すごく単純な方法だね。今ならかんたんにできてしまいそうだけれど、このころにはまだ、コピー機やコンピュータといった便利なものはなく、夜空の写真を部分的に拡大するようなことはできなかった。だから、写真に無数に写っている星を根気よく見くらべて、位置が動いている星をさがしたんだよ。

冥王星が惑星から準惑星になった2006年、NASA（アメリカ航空宇宙局）は探査機「ニューホライズンズ」を打ち上げた。積み荷には、トンボーの遺灰（遺体を火葬したあとに残る灰）ものせられた。2015年、冥王星の近くに到着した「ニューホライズンズ」は、2016年秋まで、冥王星と、その衛星を探査する。そのあとは、もっと遠くのエッジワース・カイパーベルトに向かう予定だ。

探査機「ニューホライズンズ」が撮影した、冥王星の衛星カロン。長さ1000kmにもわたる長い谷が写っている。北極の付近が暗いが、その理由はわかっていない。　写真提供：NASA

Q64. 冥王星は月よりも小さいのに、衛星があるの？

冥王星は、発見されたときには地球と同じぐらい大きいと考えられ、惑星とされた。でも、よく調べたら直径は約2370kmで、地球の月より小さかったんだ。そんな小さな星だけど、冥王星には、カロンという衛星がある。冥王星の英語名は「プルート」で、これはギリシャ神話に登場する冥界（あの世）の王の名前なんだけど、「カロン」は冥界を流れる川の渡し守の名前なんだ。

カロンは、衛星にしては大きい。直径は約1200kmで、冥王星の半分以上の大きさがある。また、月は地球のまわりを回っているけれど、地球は月のまわりを回らないように、ふつうは衛星だけが惑星のまわりを回っているけれど、冥王星とカロンは、たがいに回り合っている。そのことから、冥王星を惑星、カロンを衛星とよぶのは不自然だという声が上がるようになったんだ。そして、2006年8月に国際天文学連合（IAU）で、どういう天体を惑星とするかが話し合われ、その結果、冥王星は惑星から準惑星になったというわけだ。

冥王星には、カロンのほかにも、ヒドラ、ニクス、ケルベロス、ステュクスという衛星がある。月よりも小さいのに、衛星の数は地球よりも多いなんて、冥王星はふしぎな天体だね。

2009年発見当時の小惑星375927の画像。左上の四角いかこみの中の矢印の先に写っているが、見づらいので、同じ部分を拡大して右下に示した。
写真提供：
日本スペースガード協会

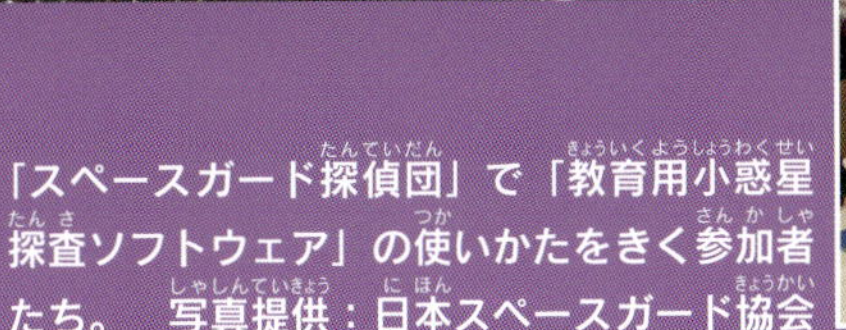

「スペースガード探偵団」で「教育用小惑星探査ソフトウェア」の使いかたをきく参加者たち。　写真提供：日本スペースガード協会

Q65. 小惑星は、どうやって見つけるの？

太陽のように自分でかがやいている恒星は、遠くからでも見つけやすい。でも、小惑星は岩石のかたまりだから、自分でかがやくことはない。もし、光って見えたとしても、それは恒星の光を反射しているだけなので、あまり明るくない。
では、どうやって見つけるかというと、少し前までは、トンボーが冥王星を発見したときと同じように、写真を撮って、見くらべて、さがしていた（→Q63）。
でも、宇宙はとても広いから、写真に写る範囲はほんの少し。この方法で小惑星をさがしだすのは、とても根気のいることだったんだ。
ところが最近では、コンピュータを使ってさがすことができるようになった。宇宙を撮影した写真を、専用のソフトウェアで調べるんだ。
日本スペースガード協会が2009年11月に開催した「スペースガード探偵団」の活動では、日本宇宙フォーラムが無料で配布している「教育用小惑星探査ソフトウェア」を使って、小学生と高校生が小惑星を発見した。小惑星はなんと、発見した人が名前を提案することができるから（→Q68）、うれしいよね。
「教育用小惑星探査ソフトウェア」のほかに、NASA（アメリカ航空宇宙局）も「アステロイド・データ・ハンター」というソフトウェアを無料配布しているよ。

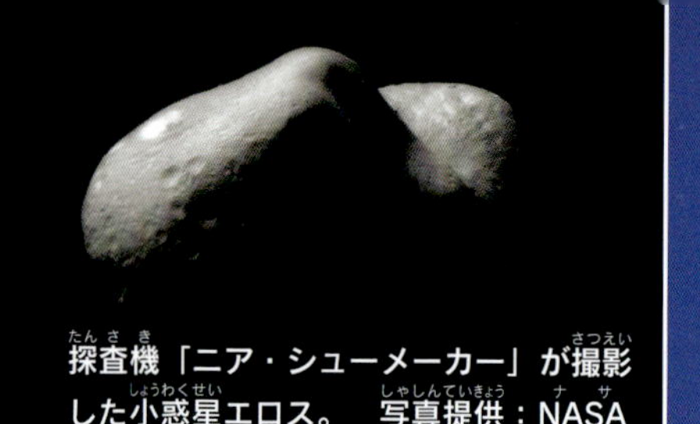
探査機「ニア・シューメーカー」が撮影した小惑星エロス。　写真提供：NASA

ものすごいスピードで地球の近くを通過する小惑星2012 DA14（中央の光跡）。　写真提供：八板康麿

Q66. 小惑星は、地球に近づくことがあるの？

火星と木星の間の小惑星帯には、たくさんの小惑星がある（→Q62）。でも、小惑星帯以外にも、小惑星は存在していて、小惑星帯よりも地球に近い場所にある小惑星を「地球近傍小惑星」とよんでいる（→Q70）。地球近傍小惑星の軌道は、だ円形をしていて、地球の近くを通ることもあるんだ。
「小惑星が地球の近くを通る」ときくと、なんだか地球に落ちてきそうに思えて、こわく思うかもしれないよね。でも、小惑星の接近は、おそろしいことばかりではないよ。小惑星が地球に近づくタイミングをねらって探査機を飛ばせば、わざわざ遠くまで探査機を飛ばさなくても、調査ができるんだ。
たとえば、はじめて地球近傍小惑星として発見された「エロス」は、2012年1月31日に、地球に大接近した。どのくらい近づいたかというと、0.18天文単位。1天文単位は、地球と太陽の平均の距離だから、その5分の1ぐらいのところを通りすぎたんだね。その前の2000年2月、探査機「ニア・シューメーカー」が、エロスに接近して観測したところ、構成する岩石は、太陽系が誕生したころにできた隕石と成分が似ていることがわかった。こうして集めたデータは、太陽系や宇宙のしくみを解明するのに役立つんだよ。

バリンジャークレーター。約5万年前に地球に衝突した隕石によってできた。直径は約1.2〜1.5km、深さは約170m。　写真提供：八板康麿

Q67. 小惑星は地球に落ちることがあるって、ほんと？

小惑星のなかには、地球に近づいたときに、落ちてくるものがある。たいていは、地表に落ちるまでの間に燃えつきてしまうけれど、燃えつきないで落ちてきたものが、「隕石」だ。これまでに発見されている隕石は、世界で5万個以上、日本に落ちたものでは50個以上が確認されている。

隕石が大きいと、地表にクレーターができることもある。メキシコのユカタン半島にある直径約160kmの「チクシュルーブクレーター」は、まだ恐竜がいた白亜紀に、直径10〜15kmの隕石が落ちて、できたものだ。その衝突の衝撃で舞い上がった土ぼこりは、長い期間にわたって太陽の光をさえぎり、植物が育たなくなって食べものがなくなり、恐竜は絶滅した。アメリカのアリゾナ州にある直径約1.2km、深さ約170mの「バリンジャークレーター」は、約5万年前に隕石が落ちてできたとされる。最近は2013年、ロシアのチェリャビンスク州に隕石が落ちた。そのようすは多くの人が写真やビデオに撮った。

そんな災害を防ぐため、今は世界じゅうで地球に落ちる可能性のある小惑星を監視している。もし、ぶつかりそうな小惑星が発見されたら、その小惑星の軌道を変えたり、レーザー光線でこわしたりすることも計画されているよ。

Q68. 日本人の名のついた小惑星があるって、ほんと？

有名なものでは、「はやぶさ」が行った小惑星25143「イトカワ」があるね。これは、日本で最初にロケットを開発した糸川英夫にちなんでつけられた。

小惑星6913は「湯川」。日本人ではじめてノーベル賞を受賞した物理学者の湯川秀樹にちなんだものだ。

小惑星3008は「野尻」。これは野尻抱影という明治時代から昭和時代の文学者のこと。野尻抱影は天文学が好きで、海外の天文学の本の翻訳をしたり、子ども向けの天文学の本をたくさん書いたりしていた。そして、それがきっかけになって、星や星座の名前を研究していたよ。「冥王星」（→Q63）という名前も、野尻抱影がつけたんだ。

「衛」、「豊寛」、「土井」、「向井」、「野口」、「若田」、「直子」、「星出」、「聡」とかもある。なんだと思う？　そう、代々の日本人宇宙飛行士の名前だね。

小惑星は、見つけた人が名前を提案できる。日本人が命名した小惑星のなかには「仮面ライダー」、「アンパンマン」、「巨人の星」などもあるんだよ。

小惑星11528には「Mie」という名前がついている。これは、この本を書いた、わたしの名前。小惑星11528を発見した先輩が提案し、命名されたんだけれど、世界にたった1つしかない、すてきなプレゼントでしょ？

ペンシルロケットと糸川英夫博士。
写真提供：JAXA

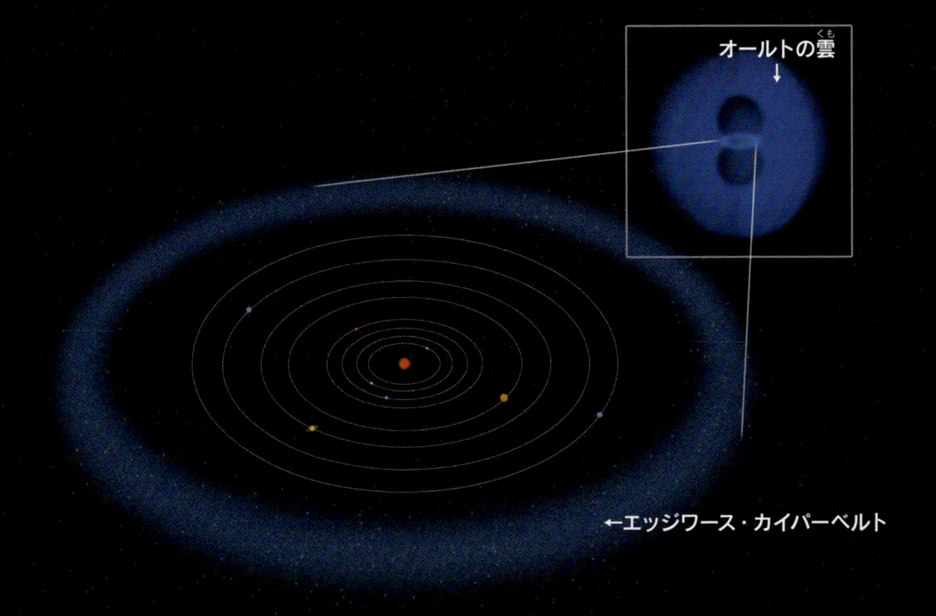

エッジワース・カイパーベルトと、オールトの雲の想像図。太陽のまわりを200年未満で回るすい星を「短周期すい星」、200年以上かけて回るすい星を「長周期すい星」とよぶ。エッジワース・カイパーベルトからは短周期すい星が、オールトの雲からは長周期すい星がやってくると考えられている。　イラスト提供：加藤愛一

Q69. エッジワース・カイパーベルトって、なに？

「エッジワース・カイパーベルト」は、すい星のもとになる小さな天体がたくさんある場所で、「すい星のふるさと」とよばれているよ（→Q59）。海王星の外側にあって、ドーナツのように海王星から内側を取りかこんでいる。

この名前は、この場所のことを予測した、アイルランドの天文学者エッジワースと、アメリカの天文学者カイパーにちなんでいる。2人は、海王星の外側には氷まじりの天体がいっぱいあって、そこからなにかのきっかけで太陽の重力に引きつけられたものが、すい星になると考えた。

そして、「すい星のふるさと」のもう一つが、エッジワース・カイパーベルトのさらに外側にあって、太陽系をボールのようにつつむ「オールトの雲」だ。こちらにも、氷まじりの天体が無数にあるという。エッジワース・カイパーベルトと、オールトの雲ができたのは、太陽系ができはじめてから数億年後ともいわれるけれど、よくわかっていないんだ。どちらも、太陽系ができる過程で、惑星や準惑星などにならなかったもののうち、惑星などの重力に軌道を乱され、太陽系のへりにはじき飛ばされた小さな天体の集まりだ。だから、ここからくるすい星を調べると、ごく初期の太陽系のことがわかるといわれているよ。

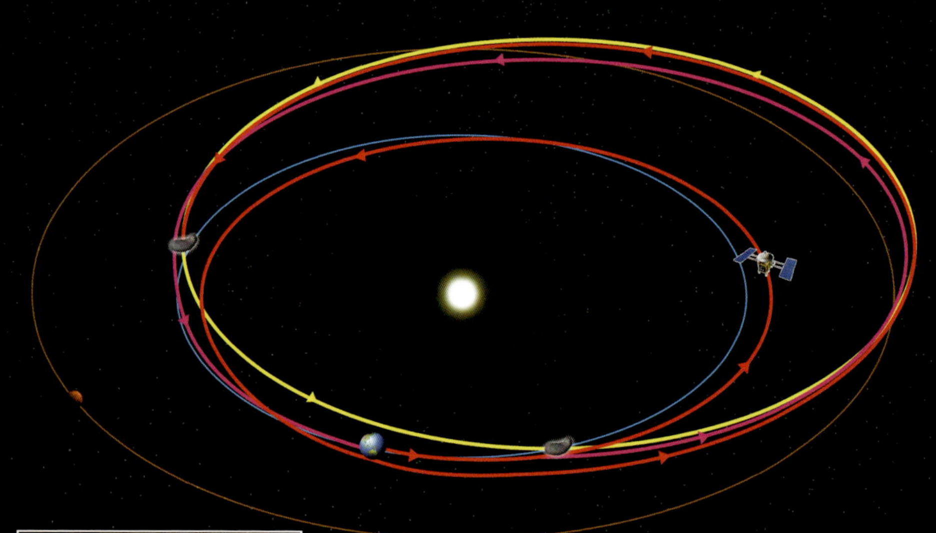

イトカワ、「はやぶさ」、地球、火星の軌道。はやぶさは、まっすぐにイトカワをめざしたのではなく、地球の軌道にそって、ぐるっと回ってから、イトカワが地球に近づくタイミングをねらって、イトカワに向かった。　イラスト提供：加藤愛一

Q70.「はやぶさ」が行ったイトカワは、どこにある？

小惑星は、火星と木星の間の「小惑星帯」にたくさんある（→Q62）。ここには数百万もの小惑星があるという。でも、ほかにも小惑星のあるところはあって、木星の軌道の近くには「トロヤ群」という、小惑星の集まりが2つある。また、火星より内側にも、小惑星がある。それらは「地球近傍天体」とよばれていて、「アポロ群」、「アモール群」、「アテン群」の3つに大きく分けられる。イトカワは、アポロ群にある小惑星の1つだ。アポロ群の小惑星は、軌道の一部が、地球の軌道の内側に入ってくる。「はやぶさ」がイトカワに行って地球にもどってくるのは、もちろん大変なことだったんだけれど、イトカワは地球からわりあい近く、エネルギーをあまり使わずに探査ができる天体だったんだ。じつは、イトカワは、3番目にようやく決まった小惑星探査の候補地だった。いちばん最初は、同じアポロ群にある「ネレウス」という小惑星を探査する予定だった。でも、ネレウスは少し遠かった。そこでつぎに、アモール群にある「1989ML」という小惑星が候補になった。ところが、ロケットの準備が1年以上遅れてしまったため、そこへ行くこともむずかしくなってしまった。そこで、その次に行きやすい小惑星ということで、イトカワが選ばれたんだ。

「はやぶさ」の撮影したイトカワ。少しくびれた形は、胸の上で貝殻を割るラッコの姿にたとえられることがある。　写真提供：JAXA

Q71.「はやぶさ」の活躍で、なにがわかったの？

小惑星探査機「はやぶさ」は、2003年５月９日、日本のJAXA（宇宙航空研究開発機構）が、鹿児島県にある内之浦宇宙空間観測所から、M-Vロケット５号機で打ち上げた。目的地は、地球から約３億kmはなれた小惑星「イトカワ」だ。宇宙空間では、雨が降ったり、風が吹いたりしない。そのため、イトカワのような小惑星がどのような物質でできているかを調べれば、太陽系が誕生したころのようすがわかるのではないか、と期待されたよ。

その期待どおり、「はやぶさ」は、イトカワの土を持って、地球に帰ってきた。これは、月以外の天体の物質としては、はじめて地球に持ちかえられたものだ。そして、この土を調べたところ、地球に落ちてくる隕石は、火星と木星の間にある小惑星帯からやってくるという確実な証拠を、はじめてつかんだんだ。

「はやぶさ」はイトカワの写真も撮影した。はじめてわかったのは、イトカワの形だ。また、イトカワは、岩のかたまりなんだけど、大きさのわりに軽いこともわかったんだ。どうやらイトカワは、ある程度大きくなった天体に、別の天体がぶつかってばらばらにくだけたものが、もう一度くっついて、今のような形になったらしい。そのせいで内部には、すき間がたくさんあるようだよ。

「はやぶさ」は、イトカワの土の入ったカプセルを地球に持ちかえったが、自身は大気圏で燃えつきてしまった。左下に向かって走る光が、「はやぶさ」が燃える光だ。　写真提供：NASA

Q72.「はやぶさ」のすごいところは、なに？

それはもちろん、地球から約3億kmもはなれたところにある小惑星イトカワへ行って、その土を持って、地球に帰ってきたことだよ。小惑星探査機は、ふつうは使命がおわったあとは、そのまま「宇宙ごみ」（→Q23）になる。だから、地球に帰ってきたということは、とてもすごいことなんだ。

そもそもイトカワは、長さが約540mしかない。そんな小さな天体に、はるかかなたから飛んでいき、ちゃんと到着できるなんて、それだけでもすごい。それに、小さな星は重力が弱い。重力が弱いと、着陸しても地表にとどまっていられずに、すぐに宇宙に放り出されてしまう。そんな悪条件にもかかわらず、「はやぶさ」は、イトカワに着陸した。これは、世界ではじめての偉業だったんだ。

地球への帰り道では、一時、行方不明になった。また、あと少しで地球に到着というときに、エンジンが止まってしまった。しかし、こわれていない機能を遠隔操作でつなぎ合わせて航行をつづけさせた。そしてとうとう、「はやぶさ」は7年にわたる旅をおえて、2010年6月13日、地球に帰ってきた。多くの苦難をのりこえて地球にもどった「はやぶさ」は、世界じゅうから絶賛された。でも、ほんとうにすごいのは、はやぶさを支えつづけた人たちかもしれないね。

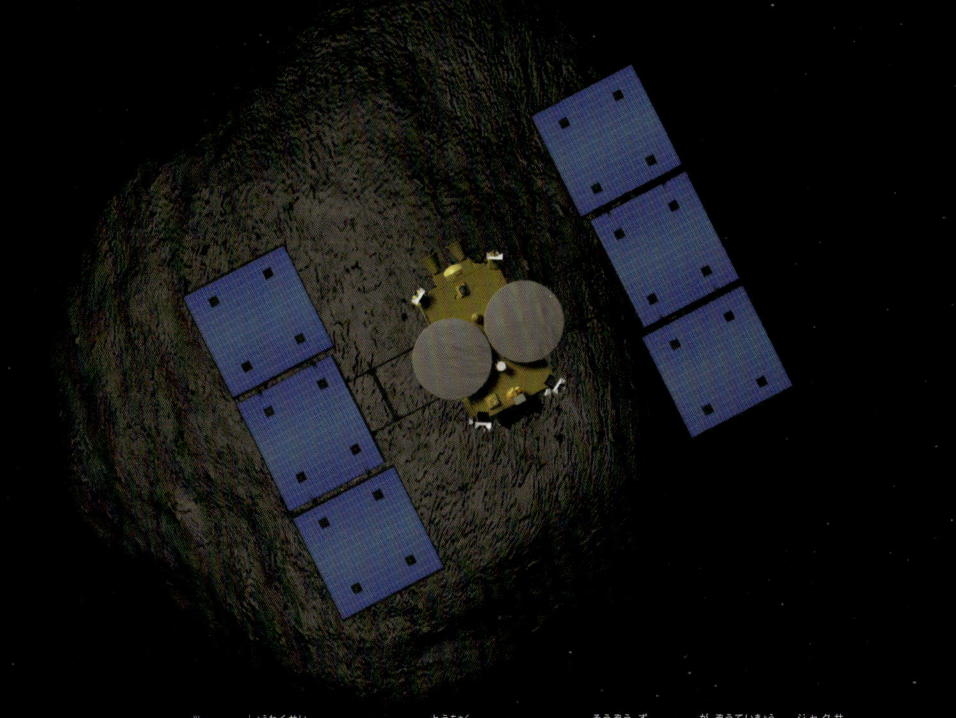

「はやぶさ２」が小惑星リュウグウに到着するところの想像図。　画像提供：JAXA

Q73.「はやぶさ」は、もう宇宙に行かないの？

「はやぶさ」は、イトカワの土が入ったカプセルを持ちかえったけれど、自分自身は大気圏で燃えつきた。ほんとうは、地球にカプセルを届けたら、ふたたび宇宙に行く予定だったのだけれど、さまざまなトラブルをくぐりぬけてきた「はやぶさ」には、もう、宇宙にもどる燃料は残っていなかった。

でも、「はやぶさ」のあとをつぐ「はやぶさ２」が、2014年12月３日に打ち上げられた。めざしているのは、小惑星「リュウグウ」だ。リュウグウは、イトカワと同じように、アポロ群（→Q70）にある小惑星だけど、イトカワとはちがうタイプの小惑星で、水や有機物を多くふくむと考えられている。そのため、生命の起源を解きあかす材料が見つかるのではないかと期待されているよ。

打ち上げから１年後の2015年12月３日、「はやぶさ２」は、いったん地球に近づいた。地球の重力で前に進む「スイングバイ」（→Q75）をおこなうためだ。リュウグウは、水をふくむ岩石の存在が期待されている天体なので、今度は、地下にある土を採集することが目標だ。リュウグウへの到着は、予定では2018年夏、地球にもどるのは2020年の年末の予定だ。「はやぶさ」より、さらにむずかしくなったミッションが成功するよう、みんなで応援したいね。

土星に近づく探査機「カッシーニ」の想像図。　画像提供：NASA

第5章 惑星探査のふしぎ

大昔から、人間は、宇宙のなぞに挑戦してきた。
そして、夜空の動きを観察したり、天体望遠鏡を発明したりした。
20世紀には、とうとう人間が宇宙にでかけていくようになった。
今、どんな惑星探査がおこなわれているのか、
どのような装置を使っているのか、宇宙飛行士のくらしは
どんなふうかなど、惑星探査のことをいろいろ紹介するよ。

人類としてはじめて月に降りた、ニール・アームストロング。この写真は、いっしょに「アポロ11号」にのっていた、バズ・オルドリンが撮影したもの。　写真提供：NASA

Q74. はじめて月に行った人は、どんな人？

人類は、アメリカの「アポロ計画」で、はじめて月に行った。宇宙飛行士に選ばれたのは、38歳のニール・アームストロングと、39歳のバズ・オルドリンだ。
ニール・アームストロングは、アメリカ・オハイオ州生まれ。子どものころから空を飛ぶことにあこがれ、若いころは、戦闘機のパイロットをしていた。大学で空を飛ぶことについて勉強したあと、NASA（アメリカ航空宇宙局）でエンジニアをつとめるようになり、テストパイロットとしてはたらいていた。
バズ・オルドリンは、アメリカ・ニュージャージー州生まれ。アメリカ軍でパイロットをつとめ、大学では宇宙を飛ぶことについて学んでいる。オルドリンは、2012年に公開された日本の映画「宇宙兄弟」にも出演しているよ。
「アポロ11号」にのった2人が月に降りたのは、1969年7月21日午前5時17分（日本時間）。最初に月の土をふんだのは、船長をつとめたアームストロングだった。このとき、アームストロングは、「これは一人の人間にとっては小さな一歩だが、人類にとっては大きな飛躍である」ということばを残したよ。
アポロ計画は1972年までつづき、合計で6回の月面着陸がおこなわれた。月に降りた人は全部で12人。そのあとは、だれも月に行っていないんだ。

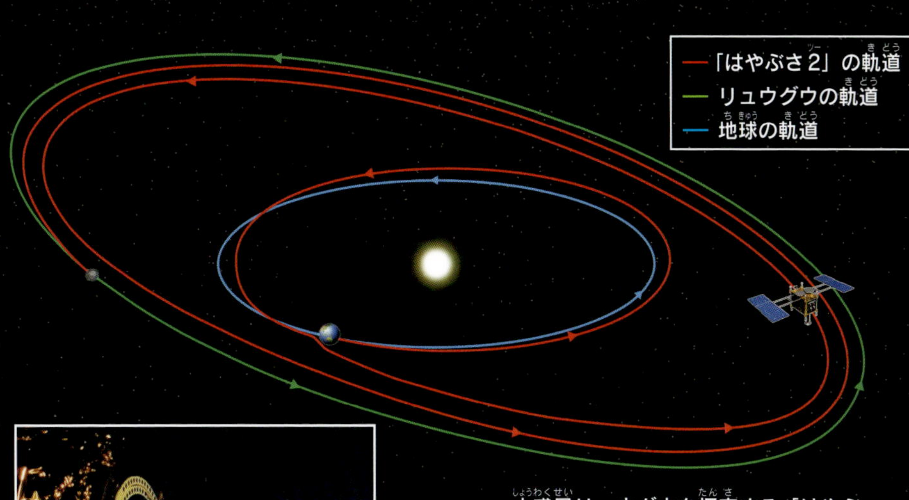

イオンエンジンから噴射するイオン化したキセノンのガス。　写真提供：NASA

小惑星リュウグウを探査する「はやぶさ2」の軌道。まっすぐにリュウグウに向かうのではなく、地球と同じような軌道で太陽のまわりを回り、地球の近くにもどってきたら「スイングバイ」をしてリュウグウに近い軌道に入る。その軌道を2回回って、リュウグウに追いつく。　イラスト提供：加藤愛一

Q75. 惑星探査機は、どうやって宇宙を進むの？

ロケットなどで宇宙に打ち上げられた探査機は、「太陽電池」や「原子力電池」、「イオンエンジン」などの力で宇宙を進んでいくよ。

太陽電池は光エネルギーを利用する。NASA（アメリカ航空宇宙局）の木星探査機「ジュノー」などに使われていて、大きなパネルで受けた光エネルギーを電気に変える。だから、太陽からはなれると、得られるエネルギーは小さくなる。

原子力電池は、プルトニウムなどの放射性物質が核分裂するときのエネルギーを利用した電池で、寿命が長い。太陽の光は関係ないので、「ボイジャー」(→Q76) のように、太陽系の外に向かう探査機に使われることが多い。

イオンエンジンは、キセノンの原子から電子をうばって（イオン化）噴射し、推進力に変えるもので、「はやぶさ」、「はやぶさ2」にも使われている。このエンジンの力はとても小さい。でも、宇宙では摩擦がなく（→Q21)、動きはじめた物体は自然には止まらないので、使っていると、だんだんスピードが増す。

また、エンジンではないけれど、探査機を飛ばすときに欠かせないのが「スイングバイ」だ。天体の重力を利用して、探査機のスピードを上げたり下げたりすることができる。ほとんど燃料を使わないので、とても便利なんだよ。

木星に近づいた「ボイジャー1号」の想像図。　画像提供：NASA

Q76. いちばん遠くに行った探査機は？

今までいちばん遠くへ行き、今もその記録を更新しているのは、NASA（アメリカ航空宇宙局）が1977年に打ち上げた「ボイジャー1号」だよ。

「ボイジャー1号」は、打ち上げから約1年半後の1979年1月に木星に近づき、衛星のイオに火山があることなどを明らかにした。そして約2年後の1980年11月には土星に近づき、環や衛星を調べたんだ。そして、そのあとも旅をつづけ、2012年には太陽風の届かないところにまで進んでいった（→Q11）。

「ボイジャー2号」も、1号と同じように、1979年に木星、1981年に土星に近づいたよ。そして1号と別れ、1986年に天王星、1989年に海王星に近づいた。太陽系の惑星としてもっとも遠い、天王星と海王星に近づいたのは「ボイジャー2号」だけで、そのときに撮影された写真により、わたしたちは天王星や海王星に環があることを知ったんだ。2号は、まだ太陽風の届くところにいるけれど、1号と同じように、さらに遠い宇宙に向けて旅をつづけている。

「ボイジャー」には、1号、2号の両方に、地球の音や音楽、人間や風景の画像などを収めた「ゴールデンレコード」が積まれている。いつの日か、遠い宇宙のどこかで、このレコードを聞いたり見たりしてくれる宇宙人がいるといいね。

アレシボ天文台の巨大なアンテナ。直径は305mもある。
写真提供：NASA

Q77. 地球外知的生命体探査って、なにをするの？

「地球外知的生命体探査」とは、宇宙人をさがすことだ。宇宙にはすごくたくさんの星があるし、地球とよく似た星も見つかってきている（→Q56）。だから、どこかに頭のいい宇宙人がいるかもしれない、そう考えて、さがしているんだ。
どうやってさがすかというと、宇宙から届く電波を調べるよ。みんなも、飛行機で行くような遠いところにすんでいる友だちに会うときには、前もって連絡をするよね？　それと同じで、頭のいい宇宙人だったら、地球にくる前に連絡してくるんじゃないかと考えたんだ。連絡には、電波が使われるはず。だから、宇宙から届く電波のなかに、人工的なものがないか調べているんだよ。
この「電波さがし」は、西インド諸島のプエルトリコにある、アレシボ天文台でおこなっていて、この天文台にある、くぼんだ球面のような大きなアンテナがとらえるさまざまな電波を、コンピュータで調べているよ。
でも、電波はものすごくたくさんあり、コンピュータの性能がどんなによくても、1台ではとても調べきれない。そこで、ふつうの家にあるコンピュータも利用することになったんだ。興味のある人は、アメリカのカリフォルニア大学バークレー校が運営している「SETI@home」というサイトにアクセスしてみて。

火星で活躍する「キュリオシティ」。長さ3m、幅2.7m、重さ900kgの車体を、6個の車輪で支えている。四隅にある車輪は、それぞれ独立して動かすこともできる。プルトニウムを利用して電力を起こし、その力で動いている。　写真提供：NASA

Q78. 火星の「キュリオシティ」は、どんな探査車？

「キュリオシティ」は2011年11月、NASA（アメリカ航空宇宙局）がロケットにのせて打ち上げ、2012年8月に火星に着陸させた火星探査車だよ。

自分で考えることができる探査車で、カメラを使って地表のようすを確認しながら、岩や穴などをさけて動くことができる。前方にはロボットアームがついていて、そなえつけられたドリルで岩石をけずって採取し、どんな成分でできているかを自分で分析することもできるんだ。

そんな「キュリオシティ」が火星に着陸して、まず調べているのは、「ゲールクレーター」という場所だ。「キュリオシティ」のはたらきによって、ここが昔は、淡水の湖であったことがわかった。かつて水があったということから、火星に生命が存在していた可能性が、ますます高くなったよ。

「キュリオシティ」には17個ものカメラがついていて、火星の写真も撮影して送ってきてくれる。それらの写真から火星の地形を調べることもできる。火星の青い夕焼けの写真（→Q38）も、「キュリオシティ」が撮影したものだ。

ちなみに「キュリオシティ」は「好奇心」という意味で、12歳の女の子が考えたニックネーム。正式名は「マーズ・サイエンス・ラボラトリー」だよ。

飛行する宇宙船「オリオン」の想像図。　画像提供：NASA

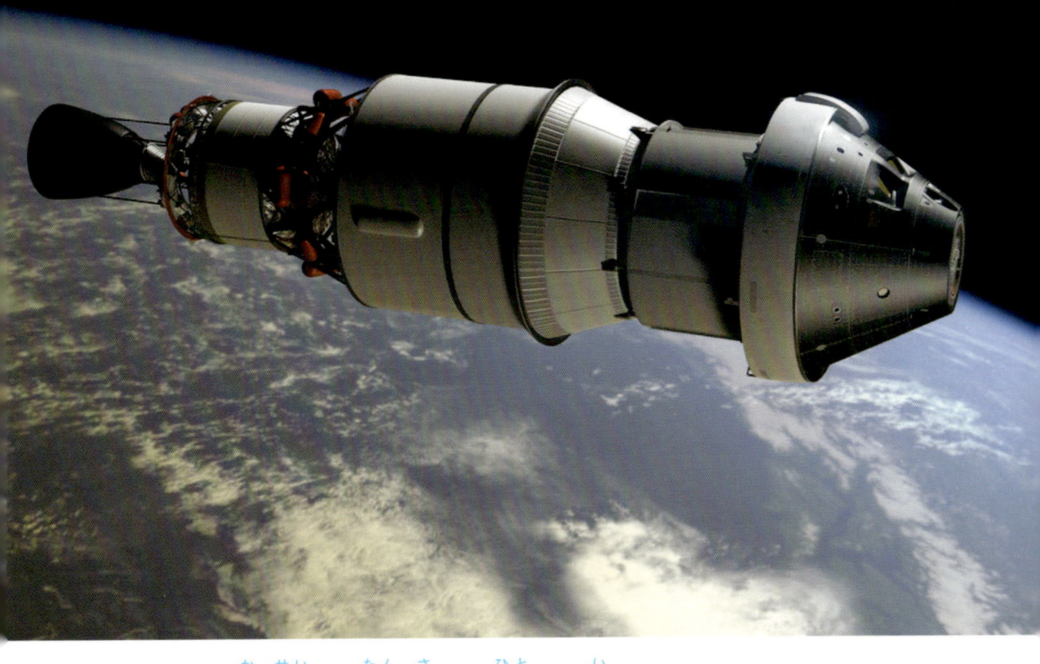

Q79. 火星の探査に人が行くって、ほんと？

火星の1日は、24時間39分35秒で、地球とあまり変わらない。地球と同じように四季もある。ほんの少しだけど大気もあるし、夏の赤道付近なら20℃ぐらいの気温がある。地球より寒いけれど、そのくらいの気温があれば、なんだか、すめるような気がするよね？

アメリカでは現在、将来、人類がすむことになるかもしれない火星を、人が行って調べる計画が進められているんだ。その計画のために、NASA（アメリカ航空宇宙局）では、新型の宇宙船「オリオン」を開発しているところだ。2014年12月には、すでにテスト飛行もおこなわれている。このとき「オリオン」は、地球をほぼ2周して、約4時間半後に太平洋に着水した。計画が順調に進めば、2030年には、火星を探査する宇宙船として打ち上げられるよ。

でも、火星は地球から遠く、往復で3年はかかる。宇宙飛行士が宇宙船にのっている間の食料も大量に必要だ。また、宇宙飛行士は火星に着いても、長い期間、放射線にさらされるし、機械が故障したら、自分たちで直さなければならない。火星の探査には、まだまだ解決しなければならないことがたくさんある。とても困難なことだけど、目標に向かって、みんながんばっているよ。

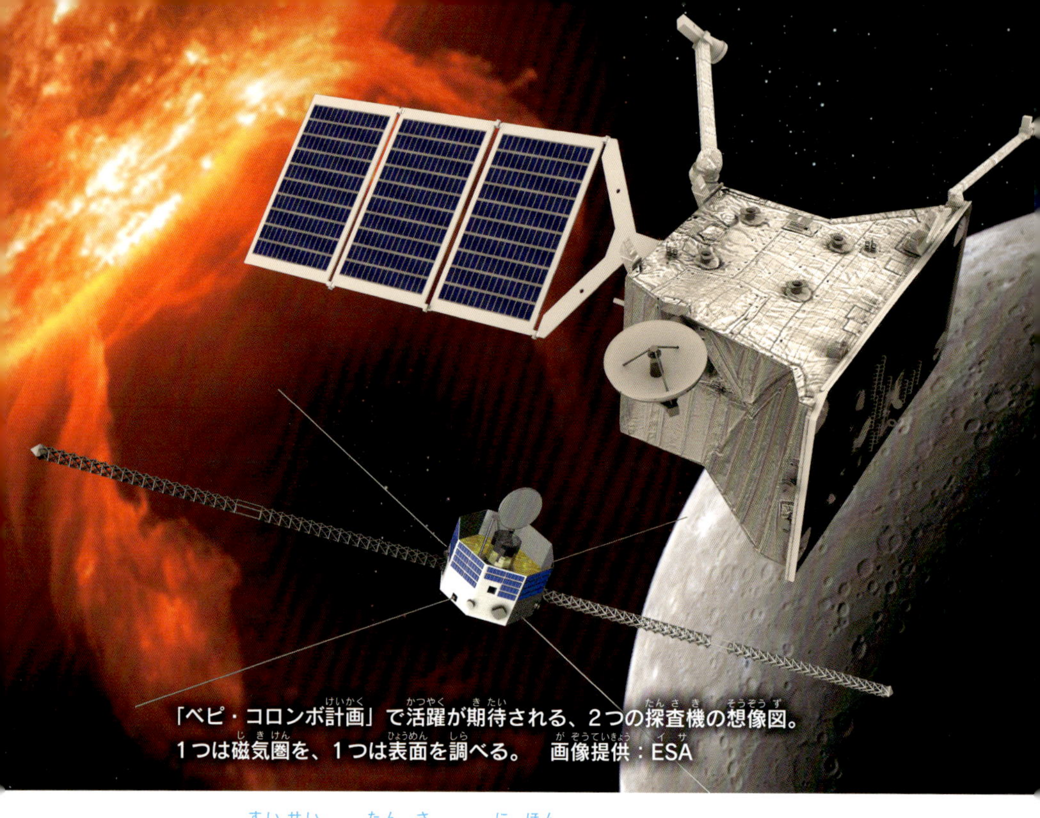

「ベピ・コロンボ計画」で活躍が期待される、2つの探査機の想像図。
1つは磁気圏を、1つは表面を調べる。　画像提供：ESA

Q80. 水星の探査を日本がおこなうって、ほんと？

水星は、太陽がしずむと、まもなくしずんでしまうので、見るのがなかなかむずかしい。どんな星であるかも、よくわかっていない。たとえば、水星には磁場がある。磁場は地球にもあるけれど、金星や火星にはない。また、水星は中心にある核がとても大きい。でも、それらの理由はまったくわからない。
NASA（アメリカ航空宇宙局）の探査機は、1975年の「マリナー10号」につづき、2008年に「メッセンジャー」が水星を観測したけれど、33年ぶりだった。探査の回数が少ない理由は、太陽だ。探査機は、太陽のすさまじい高温にさらされるだけでなく、太陽の重力で、水星の周回軌道がとても不安定になる。そのように困難な水星の探査を、日本のJAXA（宇宙航空研究開発機構）と、ESA（欧州宇宙機関）が、協力しておこなうことになったんだ。
水星へは、周回軌道にのる2つの探査機を送りこむんだけど、この2つは打ち上げのときはくっついていて、水星の軌道に入ったら2つに分かれ、協力し合いながら観測をおこなう。これは「ベピ・コロンボ計画」とよばれているもので、探査機は2017年に打ち上げられる。水星への到着は2024年というから、みんなが大きくなるころには、水星のなぞがわかりはじめているかもね。

アメリカにあるマーシャル宇宙センターのロケットの打ち上げ。地面に向かって気体を噴き出すことで地球の重力をふりきり、宇宙に飛び出す。
写真提供：NASA

Q81. 宇宙に行くロケットの燃料は、なに？

物が燃えるときには、酸素が必要だ。たとえば飛行機は、飛びながら酸素を取り入れて、灯油の一種を燃やして飛んでいる。でも、ロケットが飛ぶ宇宙には空気がない。そこで、ロケットには、酸素をつくる「酸化剤」が欠かせない。
ロケットエンジンの燃料には、固体燃料と、液体燃料の２種類がある。
固体燃料は、合成樹脂や合成ゴムなどだ。燃料が固体だと、そのままでは酸化剤と反応しないから、燃料に酸化剤を混ぜておける。だから、エンジン自体は、構造が単純で、あまり重くならないし、大きな力も出しやすい。でも、一度点火するとつぎつぎに燃えるため、とちゅうで消せないという欠点がある。
液体燃料は、冷やして液体にした水素などだ。燃料が液体だと、酸化剤を混ぜた瞬間に燃えるので、酸化剤は別に積んでおく。酸化剤は少しずつ混ぜるから、点火してもいつでも消せる。だから、精密に進路変更などをする必要があるときには、液体燃料がよい。でも、エンジン自体は構造が複雑になり、重たくなる。
固体燃料と液体燃料は、どちらも一長一短だ。そのため、地球をはなれるときは大きな力を出しやすい固体燃料を使い、宇宙空間に出たら液体燃料に切りかえる、というように、両方をうまく組み合わせてロケットを飛ばしているよ。

Q82. 宇宙に行くロケットには、どんな種類があるの？

ロケットを最初につくったのは、アメリカの発明家ロバート・ゴダードで、1926年に、液体燃料のロケットを打ち上げた。このときは、野次馬がたくさん集まって、消防署に通報されるほどの大さわぎになったんだって。

1940年代には、ポンプ式の液体燃料ロケットができた。その後、ロケットはどんどん進化して、アメリカのアポロ計画で使われたサターンロケットや、飛行機のような形のスペースシャトル、日本のH-ⅡBロケットなどがつくられた。H-ⅡBロケットは、ISS（国際宇宙ステーション）に物資を運ぶ「こうのとり」という無人補給機（→Q88）の打ち上げに使われる。

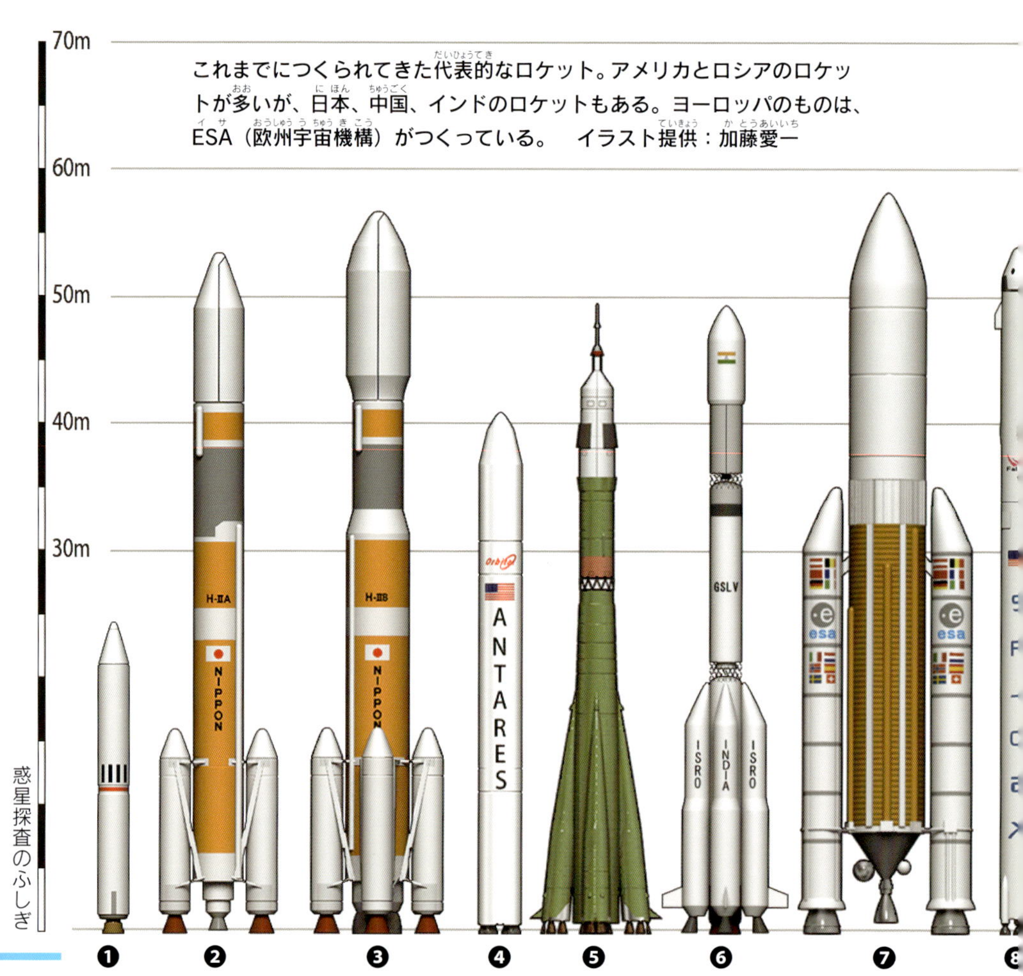

これまでにつくられてきた代表的なロケット。アメリカとロシアのロケットが多いが、日本、中国、インドのロケットもある。ヨーロッパのものは、ESA（欧州宇宙機構）がつくっている。　イラスト提供：加藤愛一

このように、ロケットは、人が宇宙に行くときだけではなくて、人工衛星や宇宙船を打ち上げるときにも使う。今までに打ち上げられた人工衛星だけでも7000基以上もあることを考えると、人はわずか100年ほどの間に、じつにたくさんのロケットを打ち上げてきたんだね。ロケットの開発は、これからもまだまだつづく。将来、どんなロケットができるのか楽しみだね。

❶ イプシロン（日本）24.4m　❷H-ⅡA（日本）53m　❸H-ⅡB（日本）56.6m
❹ アンタレス（アメリカ）40.5m　❺ ソユーズFG（ソビエト連邦／ロシア）49.5m
❻GSLV（インド）49m　❼ アリアンⅤ（ヨーロッパ）59m　❽ ファルコン9（アメリカ）54m
❾ プロトンK（ソビエト連邦／ロシア）50m　❿ スペースシャトル（アメリカ）56m
⓫ 長征2号（中国）62m　⓬ アトラスⅤ（アメリカ）58.3m　⓭ デルタⅣ（アメリカ）72m

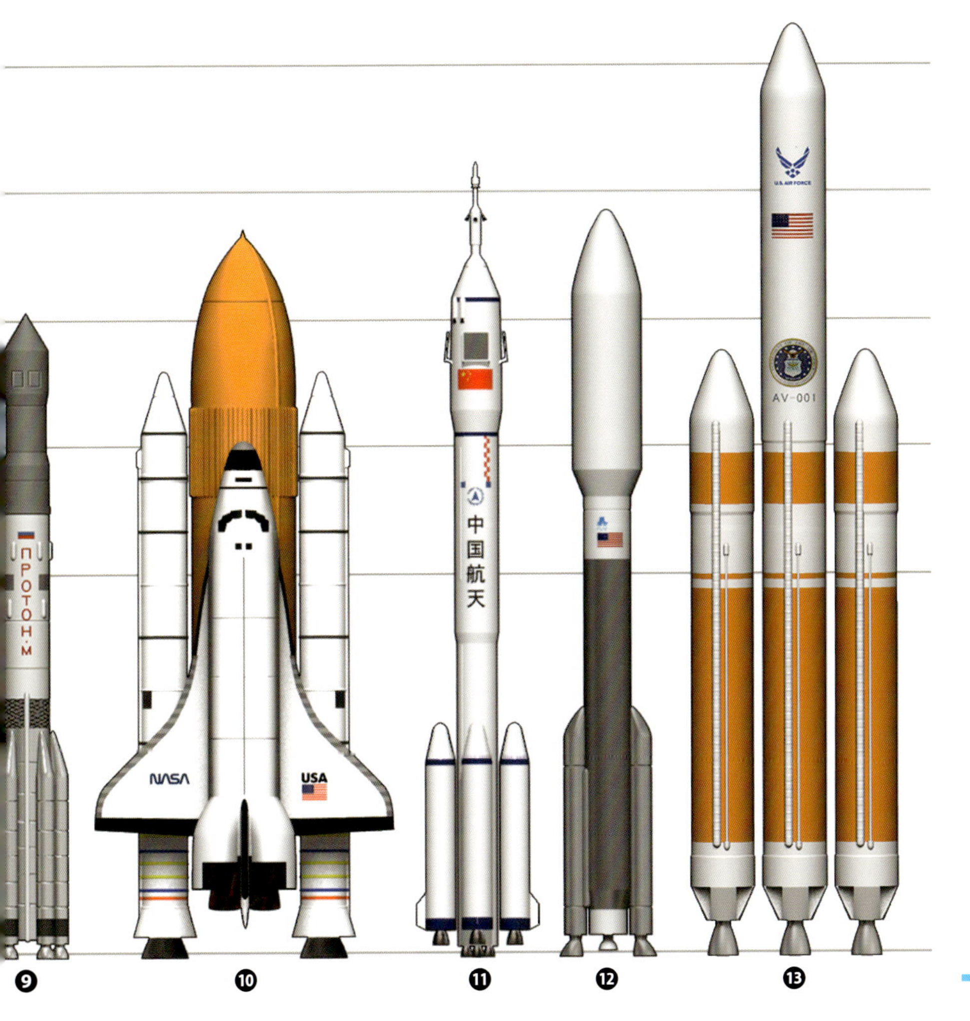

宇宙を飛ぶ民間の宇宙船「スペースシップツー」の想像図。母機のホワイトナイトツーから高度1万5200mで発射されて高度110kmの宇宙まで飛び、約4分間とどまって地球に帰る。
画像提供：クラブツーリズム・スペースツアーズ／ヴァージン・ギャラクティック社

Q83. 宇宙飛行士でなくても、宇宙に行くことはできる？

どこまでが地球で、どこからが宇宙か、知ってる？「宇宙」というのは、地面から80〜100km上空より上の空間。距離だけを考えると、東京から富士山あたりで、高速道路を自動車で行けば、1時間ほどで行けてしまう。
でも、宇宙飛行士にならないかぎり、ふつうの人が宇宙に行くなんて、むりだと思っているかもしれないね。
確かに、宇宙飛行士になって宇宙に行くのは、さまざまな試験に合格しなくてはならないし、きびしい訓練も受けなくてはならないから、むずかしそうだね。
だけど、そんなことをしなくても、宇宙に行ける方法はあるよ。今までも、テレビの取材でふつうの人が宇宙に行ったことがあるし、たくさんお金を払って宇宙に出る体験をした人もいる。
昔は、飛行機にのって海外旅行をするなんて、ふつうの人にはできないと思われていた。でも、今ではだれもが飛行機にのっている。
それと同じように、ふつうの人が宇宙旅行に出かける時代は、かならずやってくる。すでに外国では、民間の会社の宇宙船で宇宙に行く計画が進められている。何年先とは約束できないけれど、そのときを楽しみに待っていようね。

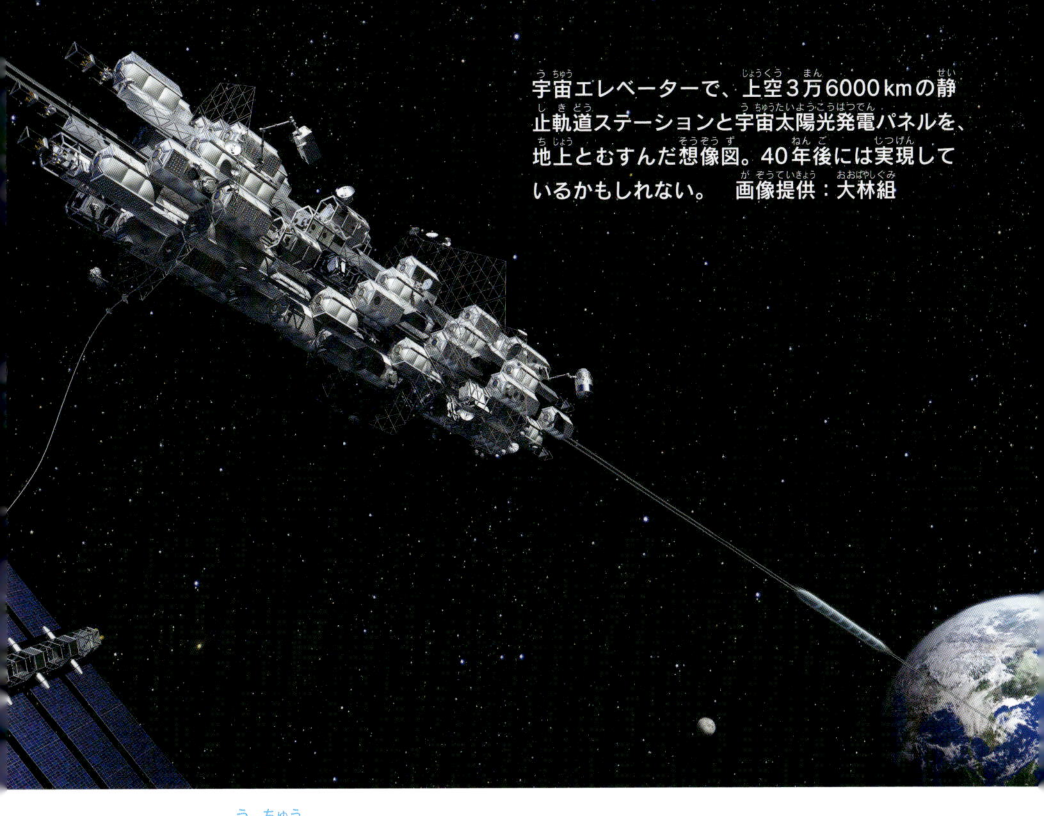

宇宙エレベーターで、上空3万6000kmの静止軌道ステーションと宇宙太陽光発電パネルを、地上とむすんだ想像図。40年後には実現しているかもしれない。　画像提供：大林組

Q84. 宇宙エレベーターは、ほんとうにできるの？

「宇宙エレベーター」というのは、地上から直接、宇宙に行くことができる設備のこと。エレベーターといっても、デパートの屋上に行くように、のったら、あとは行きたい階のボタンを押すだけ、という感じではなく、実際には、モノレールにのって、宇宙に旅行に行くような感覚に近い。

上昇には1週間ぐらいかかるけれど、ドアが開くと、そこは宇宙というわけだ。昔はSFの世界のことと思われていたけれど、今は実現に向けて開発がおこなわれていて、宇宙エレベーターの技術を競う大会も開かれているよ。

具体的にはどのようなものかというと、赤道の上空、高さ3万6000kmの宇宙にある静止衛星からケーブルをたらして、宇宙と地上をつなぐんだ。ケーブルは、軽いのにとても強い「カーボンナノチューブ」という素材でつくる。このケーブルがあれば、宇宙エレベーターもけっして夢ではないというわけ。

宇宙エレベーターなら、ロケットのように大量の燃料を使わないので安い費用で宇宙に行けるし、特別な訓練を受けなくても宇宙に行ける。もし実現したら、宇宙に物資を運ぶのにすごく役に立つはずだ。実現までには時間はかかるけれど、できるといいね。

ISSでの実験のようす。無重力の宇宙では、どんな液体も混ざり合ってしまう現象を利用している。　画像提供：NASA

Q85. 国際宇宙ステーションでは、なにをしているの？

ISS（国際宇宙ステーション）は、地上から約400km上空の、宇宙空間にある施設だ。アメリカ、日本、カナダ、ロシア、ESA（欧州宇宙機関）が参加してつくった「空飛ぶ実験室」で、実験をするところ、すむところ、太陽光発電のパネルなどが、つながってできているよ。その大きさは約108.5m×約72.8mで、地上に置くなら、サッカーコートと同じくらいの広さが必要だ。

どうして宇宙で実験をするかというと、宇宙には重力がないからだ。たとえば、地球では、水と油は混ざらない。かき混ぜた直後は混ざったように見えるけれど、しばらくすると、また水と油に分かれてしまう。これは水と油の重さがちがうからだ。ところが宇宙には重力がないので、物の重さがなくなる。だから一度、混ざってしまったあとは、二度と水と油に分かれることはない。

そんなわけで、宇宙では、地球ではつくれないようなものも、つくることができるんだ。たとえば、コンピュータに欠かせない半導体に使う新素材なども、無重力ではどんな素材でも混ぜ合わせることができるから、開発しやすい。

宇宙で長くくらすと、体にどんな影響があるかも調べられる。その結果は将来、人間が地球以外の場所でくらすようになったときに、参考になるはずだ。

ISSで開花したヒャクニチソウ。地球の植物としては、はじめて宇宙で花を咲かせた。
写真提供：NASA

Q86. 宇宙で生物を育てるのは、なんのため？

宇宙開発がおこなわれるなかで、リスザル、チンパンジー、イヌ、ウサギ、ネコ、昆虫、カエル、カメなどの動物が、宇宙に連れていかれた。初期のころは、人よりも先にロケットにのせられて、ロケットや宇宙空間が安全かどうかのテストに使われた。そのときに命を落とした動物もいる。感謝しないといけないね。
今は、生きものの体の変化を調べるために、人といっしょに連れていく。たとえば、1994年には、初の日本人女性宇宙飛行士の向井千秋さんが、4ひきのメダカをスペースシャトルに同乗させた。メダカは、背骨のある脊椎動物として、はじめて無重力の宇宙で産卵した。卵は宇宙にいる間にふ化して、「宇宙メダカ」とよばれたよ。このような実験は、将来、人間が宇宙にすむようになったときに、どのような体の変化があるかを予測するのに役に立つんだ。
宇宙では、植物も育てられている。ISS（国際宇宙ステーション）では、2015年にレタスが栽培され、2016年にはヒャクニチソウが花を咲かせた。この実験は、無重力が植物の成長にどのように影響するかを調べるものだ。さらには将来、宇宙船で長い旅をするときなどに、新鮮な食料を確保するための研究でもある。殺風景な宇宙では、花が咲いているだけで、心がいやされそうだね。

ISSから撮影した「きぼう」。船体に「日の丸」がつけられている。
写真提供：NASA

Q87. 宇宙実験棟「きぼう」は、日本がつくったの？

ISS（国際宇宙ステーション）は、宇宙につくられた最大の施設で、いろいろな国が分担してつくった（→Q85）。その一部、宇宙実験棟「きぼう」は、日本がつくったよ。一部といっても、大型バスより大きく、重さは27tにもなる。材料は3回に分けて運び、宇宙で組み立てた。2008年3月に船内保管室が、2008年6月に船内実験室とロボットアームが、2009年7月に船外の実験施設であるプラットフォームと船外パレット、衛星間通信システムが、それぞれアメリカのケネディ宇宙センターから、スペースシャトルで運ばれた。

取りつけたのは、もちろん日本人宇宙飛行士で、1回目は土井隆雄宇宙飛行士、2回目は星出彰彦宇宙飛行士、3回目は若田光一宇宙飛行士が担当した。

でも、「きぼう」をつくったのは、日本の宇宙飛行士だけじゃない。宇宙で作業したのは宇宙飛行士だけど、部品は地上でつくられたし、部品をアメリカに運んだ人たちもいた。また、宇宙で人もくらす施設を日本がつくるのははじめてだったから、NASA（アメリカ航空宇宙局）がチェックをしてくれた。完成したあとは、JAXA（宇宙航空研究開発機構）の人々が、正常に動くようにつねに見守っている。大ぜいの人がかかわって、「きぼう」はできているんだね。

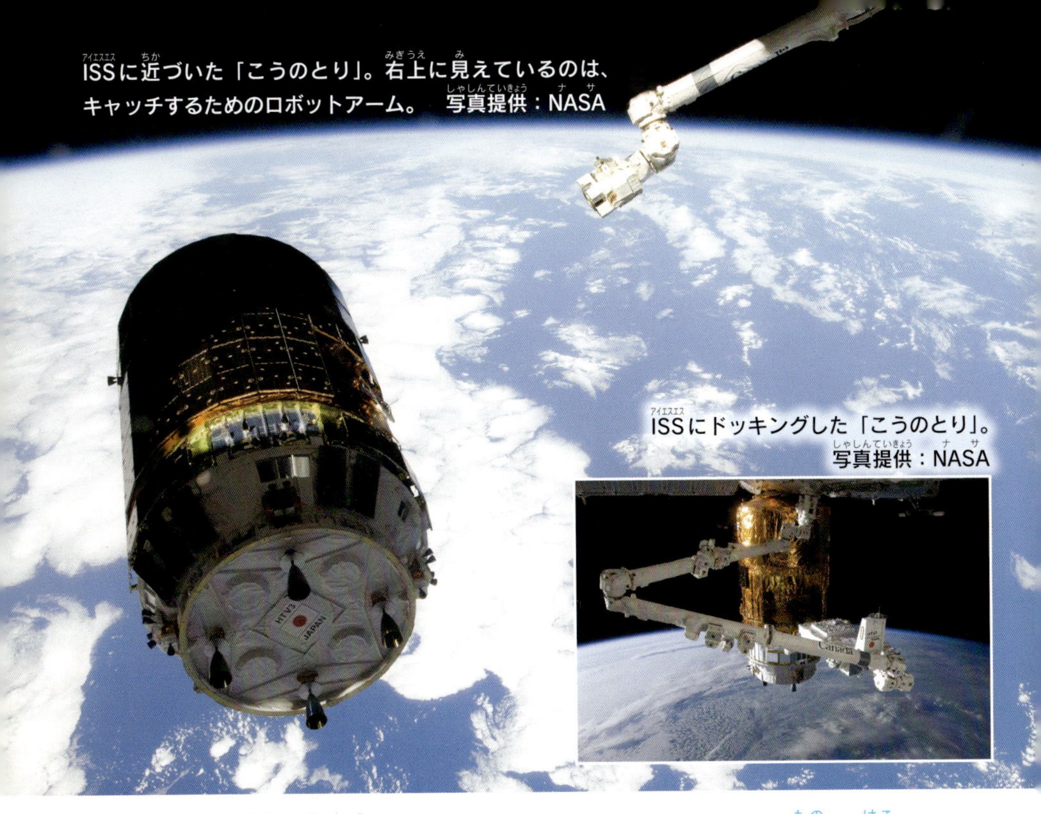

ISSに近づいた「こうのとり」。右上に見えているのは、キャッチするためのロボットアーム。 写真提供：NASA

ISSにドッキングした「こうのとり」。写真提供：NASA

Q88. 国際宇宙ステーションには、どうやって物を運ぶ？

ISSへの食べ物や実験道具などの補給は、アメリカ、ロシア、日本が分担しておこなっている。日本の補給機は、正式には「HTV」といい、ふつうは「こうのとり」とよばれている。コウノトリは、ヨーロッパでは赤ちゃんを運んでくるという言い伝えがある鳥。物資を運ぶ補給機には、ぴったりの名前だね。

「こうのとり」は、円筒形で、直径は最大4.4ｍ、長さは10ｍぐらい。大型のバスが、まるごと1台入ってしまうくらいの大きさだよ。積み荷は、水、食料、衣類、実験器具などで、最大で6tまで運ぶことができる。

最後部にはエンジンがついているけれど、これは進路を変えるときなどに使うだけだ。自分でISSまで飛んでいくような動力はついていないので、H-ⅡBロケットで打ち上げられる。ISSは、「こうのとり」が近づいてきたら、ロボットアームでキャッチして、本体とドッキングさせる。そして、荷物を降ろしたら、使用済みの実験器具や衣類などのごみを積んで、地球にもどる。

でも、「こうのとり」は、もう地上に降り立つことはない。大気圏に突入したあとは、積みこんだ中身ごと燃えてしまうからだ。もったいないと思うかもしれないけれど、燃やさないで回収するほうがむずかしく、費用もかかるんだ。

ISSの中では、体を固定しなければ、ふわふわと浮いてしまう。　写真提供：NASA

Q89. 国際宇宙ステーションでの生活は、どんなふう？

ISS（国際宇宙ステーション）の中は、温度も湿度も気圧も、地球と同じように調整されている。ただし、再現できないものがある。それは重力だ。ベルトなどで固定しないと、なにもかも、ふわふわと空中をただよってしまうんだ。
水も空中に舞いあがってしまうので、洗濯はできない。だから下着は、滞在する日数分を持っていくよ。
お風呂や洗髪も、もちろん無理。手や顔、体は、地球にいるときのようには洗えないから、アルコールをふくませた脱脂綿や、水でしめらせたタオルなどでふく。頭は、水を使わないシャンプーでよごれを落とし、そのあとにしめらせたタオルなどで地肌をふく。まるで、キャンプでもしているようなくらしだね。
もちろんトイレでも、水は使えない。洋式トイレの形をしている便器にすわったら、体が浮かないように、まずベルトで固定する。それから、そうじ機みたいな機械で、うんちやおしっこを吸いこむんだって。
寝るときは、体がぷかぷか浮かないように、かべにベルトで固定する。でも、重力のない宇宙空間だから、上下も左右も関係はない。たとえば、天井にはりついて、ねむることもできるんだ。

無重力空間での生活は、どんどん筋肉がおとろえてしまうので、運動は欠かせない日課だ。　写真提供：NASA

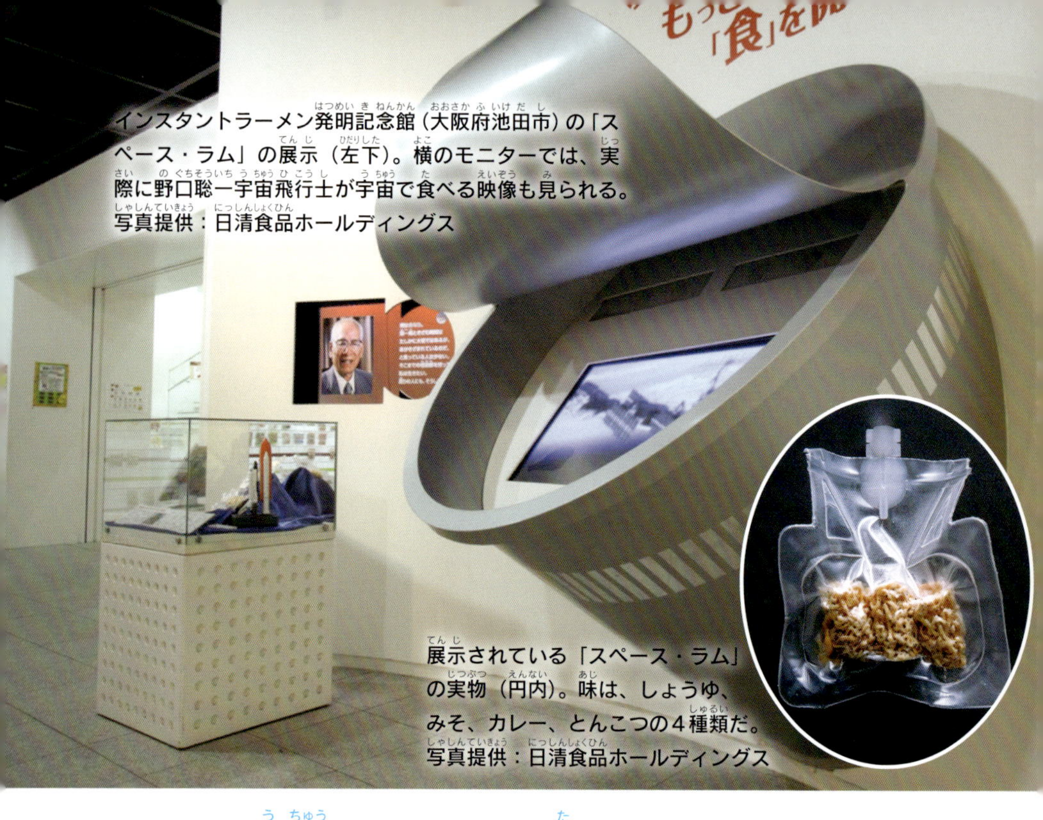

インスタントラーメン発明記念館（大阪府池田市）の「スペース・ラム」の展示（左下）。横のモニターでは、実際に野口聡一宇宙飛行士が宇宙で食べる映像も見られる。
写真提供：日清食品ホールディングス

展示されている「スペース・ラム」の実物（円内）。味は、しょうゆ、みそ、カレー、とんこつの４種類だ。
写真提供：日清食品ホールディングス

Q90. 宇宙でラーメンが食べられるって、ほんと？

昔の宇宙食は、重力のない宇宙でも食べやすいように、歯みがき粉のようなチューブに入っていたよ。中身は離乳食のようで、おいしいとは言えなかったそうだ。でも、今は味もよくなり、ほとんど地上と同じものが食べられる。ふくろを開ければ、すぐに食べられるレトルトパックもあるし、フリーズドライといって、乾燥した食材にお湯をそそぐと、もとにもどるものもあるんだ。
「お湯をそそぐ」といえば、カップラーメンだね。でも宇宙では、お湯が飛びちらないようにしなければならない。お湯の粒が機械の中に入ったら、故障の原因になる。だから宇宙食のラーメンには、特別な工夫がされている。カップラーメンで有名な日清食品がつくったもので、名前は「スペース･ラム」という。じつは、スペースシャトル内で給湯されるお湯は、安全を考え、100℃ではなく、75℃だ。そこで、少し低めの70℃のお湯でも、注いでから５分で食べられる麺が開発された。ふくろの中の麺は少しずつまとめられていて、ひと口ずつ食べられるようになっているし、スープにはとろみがついていて、飛びちりにくくしてある。スペース・ラムは2005年に開発された。はじめて食べたのは、スペースシャトル「ディスカバリー」にのっていた野口聡一宇宙飛行士だよ。

若田光一さん（中央）と、ロシア（左）、アメリカ（右）のクルー。　写真提供：NASA

Q91. 国際宇宙ステーションの司令官って、どんな人？

ISS（国際宇宙ステーション）では、いろいろな国の宇宙飛行士が協力して仕事をしている。司令官（コマンダー）は、その人たちのリーダーだ。

司令官には、なかまの命を守る大切な役目があり、トラブルが起きたら冷静に判断して、指揮をとらなければならない。そのためには、乗組員のだれよりも宇宙船のことを知っていて、乗組員から信頼される人柄でなければならない。

若田光一さんは、2013年に、日本人としてはじめて、ISSの司令官になった人だ。でも、じつは、司令官としての訓練は、2年半前の2011年3月からはじまっていた。それだけ、司令官というのは、大変な仕事なんだね。

就任するとき、若田さんはこんなふうに語ったよ。

「チームにとっては仕事がうまく進み、ISSできちんと成果を出し、しかもチームのみんなに宇宙での仕事を楽しんでもらえればいいわけです。だれがボスかは関係ない。たとえれば“透明な氷”のような船長でありたい」

そのことばのとおり、若田さんは、気をくばりながらも、チームを引っぱっていく力も高かった。乗組員のだれもが尊敬する司令官だったから、世界じゅうから「パーフェクトコマンダー（完ぺきな司令官）」と絶賛されたよ。

無重力の環境に慣れるため、水中で宇宙服を着て活動する訓練もある。　写真提供：NASA

Q92. 宇宙飛行士になるには、どうしたらいいの？

日本の宇宙飛行士の候補者に応募するときの、おもな条件を紹介するね。
自然科学系の大学を卒業して、自然科学系の研究・開発の仕事の経験が3年以上あること。英会話ができること。そして、心身ともに健康なこと。
宇宙船では、機械類の操作や修理はもちろん、実験もするから、自然科学系の知識や仕事の経験は欠かせないということだね。また、宇宙船にはいろいろな国の人もいるから、英会話ができないと、こまってしまう。そしてなにより、長い訓練や宇宙での生活にたえられるよう、じょうぶな体と心が必要だ。
最初の2つは、勉強をがんばれば、だいじょうぶ。英語もしっかり身につけよう。じょうぶな体と心をつくるには、スポーツをやっているといいかもね。候補者になったあとの訓練ではプールで泳ぐこともあるから、水泳もできるといいね。
でも、さまざまな試験をパスして、宇宙飛行士の候補者になっても、宇宙船にのれる宇宙飛行士になるまでには、たくさんの訓練も受けなければならない。訓練をかさねても、候補者のなかで宇宙飛行士になれるのは、せいぜい1人か2人。だから、どんなにがんばっても、夢がかなわないこともある。でも、本気で宇宙飛行士になりたかったら、夢に向かってチャレンジしてみよう。

H-ⅡAロケット工場の作業のようす。H-ⅡAは、日本を代表するロケットだ。設計、部品の製造、組み立てなどに、大ぜいの人がかかわっている。
写真提供：三菱重工業

Q93. 宇宙の仕事は、宇宙飛行士以外になにがある？

「宇宙の仕事」というと、まっさきに宇宙飛行士のことが思い浮かぶね。でも、宇宙にかかわる仕事は、宇宙飛行士のほかにもたくさんある。
たとえば日本には、JAXA（宇宙航空研究開発機構）という機関がある。日本の宇宙飛行士は、みんなJAXAに所属しているけれど、JAXAには、地球にいながら宇宙飛行士の活動を支えたり、探査機や人工衛星の運用をしたりなど、さまざまな仕事がある。また、JAXA以外の組織や会社などでも、宇宙の研究をしたり、ロケットをつくるなど、さまざまな宇宙にかかわる仕事がある。
宇宙の研究をしたい人には、研究機関や天文台ではたらく方法がある。ロケットをつくりたい人は、製造にかかわっている会社に入るといいよ。また、天文の本を出す出版社の仕事や、星や宇宙の写真を撮るカメラマンの仕事もある。
こうして例をあげてみると、宇宙にかかわる仕事は、じつにさまざまだね。気になる職業があったら、それについて調べたり、その仕事についている人の話を聞きにいったりするといいかもしれない。そうしているうちに、自分が好きなこと、自分が得意なことがよくわかってくるはずだ。もっとも自分に適した方法で、宇宙にかかわる仕事につけたら、それがいちばんだね。

コラム

JAXAってどんなところ?

宇宙のことを研究して、その利用方法を考え、人々のくらしに役立てるための機関だよ。正式な名前は、宇宙航空研究開発機構という。英語で書くとJapan Aerospace Exploration Agencyで、その頭文字をとって*、JAXA（ジャクサ）とよばれている。

宇宙技術の研究開発、人工衛星の管制、宇宙飛行士の養成などをになう筑波宇宙センター。見学コースもある。　写真提供：JAXA

JAXAの施設は日本全国にある。「はやぶさ2」の管制室は相模原キャンパスにある。このほかにも海外に5つの駐在員事務所などがある。

●宇宙輸送・航空技術の開発・研究

人工衛星やロケットをつくって宇宙に打ち上げたり、飛行機を安全に飛ばす技術などを研究したりしているよ。ISS（国際宇宙ステーション）に荷物を運んでいる「こうのとり」もJAXAが開発したよ。

管制室では、宇宙にある人工衛星や探査機、ロケットなどを地上からコントロールする。
写真提供：JAXA

日本のロケットの多くを打ち上げている種子島宇宙センター。　写真提供：JAXA

人工衛星はロケットにのせて打ち上げられている。　写真提供：JAXA

＊exではじまることばは、よくXが頭文字としてとられる。

●宇宙空間の利用

宇宙空間を利用して、人間の生活に役立てようとしているよ。人工衛星を使った、GPS（全地球測位システム）によるカーナビや、気象観測などは身近だね。さまざまな人工衛星や、ISSでおこなわれている実験は、将来、かならず役に立つよ。

2010年9月に打ち上げた「みちびき」は、ほぼ真上にいる準天頂衛星として、周回するGPSの信号を組み合わせ、測位可能な場所・時間を拡大し、精度も向上させる。

◆GPSの補完・補強

地球上のどこにいるか、人工衛星を使って調べるGPS（全地球測位システム）を補完・補強する研究をしているよ。

◆宇宙での実験・研究

微小重力、宇宙放射線、豊富な太陽エネルギーなど、地上とちがう特殊な環境の宇宙で、地球ではできない実験をするよ。

ISSの日本実験棟「きぼう」内でのメダカの長期飼育により、宇宙環境がメダカにおよぼす影響が明らかになった。　写真提供：JAXA

◆宇宙から地球を観測・監視

人工衛星で地表や大気の状態を観測して生態系や気候の変動などを調べ、災害の防止や環境問題の解決に役立てているよ。

人工衛星「だいち2号」が観測したアマゾンの熱帯雨林の一部。紫色が森林ではない部分。
写真提供：JAXA

「だいち2号」は地球の森林分布や、災害がどこで起こったかなどを調べる。　写真提供：JAXA

●宇宙科学の研究

惑星探査機や人工衛星などを使って調べることにより、宇宙はどうやって誕生したか、宇宙はどんな物質でできているかなど、さまざまななぞにいどんでいる。とくに太陽系の研究に力を入れているよ。

「はやぶさ2」の機体公開のようす。
写真提供：JAXA

第6章 身近な天体観測のふしぎ

空にはいつでも、太陽や月、星々が、かがやいている。
見上げるだけで観察できるものもあるけれど、
天体望遠鏡や双眼鏡があれば、もっとくわしく見ることができる。
天文台やプラネタリウムに行けば、いろいろなことを教えてくれる。
この本を読んで、太陽や月や星のことが好きになったら、
空を見上げてみよう。天文台やプラネタリウムにも行ってみよう。
もしかすると、きみだけの新しい発見があるかもしれないよ。

空には、たくさんの星がかがやいている。天体望遠鏡があっても、なくても、空を見上げて、星を見てみよう！　写真提供：八板康麿

天体望遠鏡にとりつけた太陽投影板に映った太陽の光でも、日食を観察できる。
写真提供：ビクセン

2006年にエジプトで観察された皆既日食で見られた、月の縁の凹凸から太陽の光がもれてかがやく「ダイヤモンドリング」の現象。
写真提供：八板康麿

2006年にエジプトで見られた日食を、日食グラスで観察する人々。
写真提供：八板康麿

Q94. 日食の観測のいろいろと注意点は？

日食は、太陽が月にさえぎられて、かくれてしまう現象だ。
日食には、太陽が全部かくれてしまう「皆既日食」と、部分的にかくれる「部分日食」があるけれど、どちらを観測するときにも、太陽はとてもまぶしいということを忘れてはだめだよ。ぜったいにしてはいけないことは、太陽を直接目で見ること。強い光線が目に入ると、目を傷めてしまうからね。
だから、太陽を見上げて観測するときには、「日食グラス」を使おう。ふつうのサングラスや、スキー用のゴーグルでは代用できないから、気をつけてね。
太陽を直接に見上げない観測方法もいろいろある。たとえば、天体望遠鏡に「太陽投影板」という専用の板を取りつける方法がある。天体望遠鏡のレンズを通して、欠けていく太陽が板に映しだされるので、みんなでいっしょに観測ができて楽しい。太陽投影板は、天体望遠鏡をあつかう店で販売されているよ。
段ボールや厚紙などに直径数mmの穴をあけたものを太陽に向け、穴を通った光を別の紙などに映しだしてもいい。穴を通った太陽の光は、日食の形に欠けて映しだされるよ。これは、麦わら帽子の網目などでも代用できる。道具がなにもないときには、木もれ日の形も同じように欠けて見えるから、見てみよう。

月の観察のようす。三日月から半月ぐらいのときが観察しやすい。　写真提供：八板康麿

Q95. 月を天体望遠鏡で見るときのコツは？

満ち欠けのある月は、毎日いろいろな姿を見せてくれる。その日の月が、どんな形で、何時に昇って、何時にしずむかは、新聞やインターネットでも調べられる。知っておくと便利なのは、「月は１日に約50分ずつ昇る時間が遅くなる」ということ。新月のころは、朝、太陽とともに昇ってくるけれど、満月のころは、太陽がしずむころに東の空にあらわれる。これを頭に入れておくと、見たい月の形がいつごろあらわれるか、だいたいわかるよ。

天体望遠鏡や双眼鏡で月を見る場合には、満月ではないときのほうがいい。満月は、太陽の光が月の正面から当たっているので、月の表面に影ができない。そのため、山やクレーターがあっても、立体感がなく、地形の見分けがつきにくいんだ。いちばん見やすいのは、三日月から半月ぐらいのとき。とくに欠けているふちのあたりでは、山やクレーターがよく見える。月面のどこに、なにがあるかが記された地図を用意して、見くらべながら観察すると、よくわかるよ。

天体望遠鏡や双眼鏡は、倍率を上げたとき、手で持ったままだとぐらぐらして見づらいから、三脚を使おう。また、はじめから倍率を上げると、天体を見つけにくい。低い倍率で、まず月を視野に入れて、それから倍率を上げていこう。

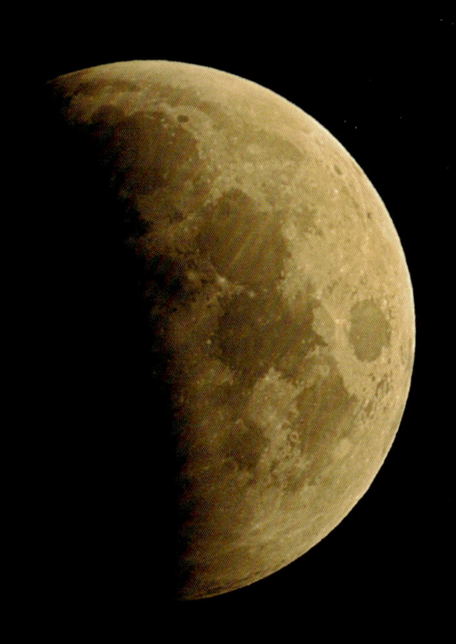

地球の影によって月が欠ける月食。影の部分は暗く見えているが、「皆既」になると、全体が赤っぽく見える。　写真提供：八板康麿

Q96. 月食の観測のいろいろと注意点は？

月の光は、太陽のように強くない。だから、日食グラス（→Q94）のような道具を用意しなくても、直接、目や天体望遠鏡、双眼鏡などで見て、観測ができる。月食には、日食と同じように、全部がすっかりかくれる「皆既月食」と、一部分だけが欠けて見える「部分月食」の２つがある。

ところが、皆既月食といっても、全体が地球の影にかくれている間でも、月面はまっ黒にはならないで、赤っぽく見える。表面のようすもよくわかるので、スケッチしたり、写真を撮ったりしてみよう。

見ごたえがあるのは、すっかりかくれる皆既月食になるときと、部分月食になりはじめるとき。また、皆既月食の状態から少しずつもとにもどっていくときには、赤い月の一部が白っぽくなり、その色のコントラストもとてもきれいだ。

月食だけではないけれど、天文現象というのは、天体の運行があらかじめわかっているので、かならず時間ぴったりにはじまる。すばらしい「天体ショー」を見のがさないように、月食がはじまる時間を調べて、きちんと準備しておこう。

月食の観測は、夜間におこなうことが多い。どこか見晴らしのよい場所に行くときは、子どもだけではなく、かならず大人といっしょに行動しようね。

スーパームーンとふつうの満月の写真をかさねて大きさをくらべた。　写真提供：八板康麿

Q97. スーパームーンって、どんな月？

「スーパームーン」というのは、月と地球の距離が近いときの、満月あるいは新月のこと。スーパームーンの満月であれば、距離が近い分、大きく見えて迫力があるけど、新月だと、月はまっ暗だから、よくわからないね。
そう、月と地球の間の距離は、遠くなったり、近くなったりと、変わるんだよ。どうしてかというと、月が地球のまわりを回っている軌道が、正円ではなくて、だ円形をしているからだ。遠いときには、約40万kmある月と地球の距離は、近いときには約4万km近づき、約36万kmになる。宇宙の本によく「月と地球の距離は約38万km」と書かれているけれど、それは平均の距離なんだ。
スーパームーンの満月は、ふだんの満月とくらべると、14%ほども大きく見える。満月であれば、明るさも明るくなって、なんと30%ぐらいも明るくなる。
スーパームーンは、地球に近い分、重力も強くなるので、潮の満ち干にも影響する。ただし、目で見てはっきりわかるほどの潮位の変化はないそうだ。また、なかには、スーパームーンが人間の心に影響をおよぼすという人もいるよ。
スーパームーンの満月が見られるのは、およそ14か月に1回。つまり1年に1回ぐらいしかチャンスがないのだけれど、見のがさないように観察したいね。

Q98. 天体望遠鏡のじょうずな選びかたは？

遠くにある土星の環も、天体望遠鏡の倍率しだいで見ることができる。木星のしま模様もオッケー。天体望遠鏡があると、夜空の観察が楽しくなりそうだ。天体望遠鏡にはいくつか種類があるし（→126ページ）、天体望遠鏡の本体以外に必要な物もある。自分がなにをしたいかによって、必要な物の選びかたもちがう。写真も撮影したいのなら、なおさら必要な物は変わってくる。天体望遠鏡は値段が高い。せっかく買うのなら、失敗しないようにしたいね。
プラネタリウムや天文台などでは、天体望遠鏡を使って夜空を観察する「観望会」（→Q108）がおこなわれることもある。もしかすると、天体望遠鏡の実物を操作させてもらえるかもしれないから、倍率がどのくらいだと、どの程度に見えるかなどをあらかじめ経験しておくのもいいね。ときには、天体望遠鏡を手づくりするような講座がひらかれることもある。そういうチャンスを利用して、天体望遠鏡の構造を理解したり、知識を増やしたりしておくのもいいよ。
天体望遠鏡で思うように夜空の星を見られるようになるには、かなりの練習が必要だ。うまく見られないからといって、すぐに放りだしてしまうのではなく、根気よく取りくんで、使いこなせるようになろうね。

友だちをさそって、いっしょに
夜空を観察できたら楽しいね。
写真提供：八板康麿

天体望遠鏡の使いかた

❶ 目で見て、見たい天体のある場所を確認する。

❷ 天体のだいたいの方向に天体望遠鏡を向ける。

❸ 接眼レンズは、まず低い倍率のものを使い、見たい天体をさがして、ファインダーの中に入れる。

【注意】このとき、ファインダーの中に見えている像は、実物とは上下左右が反対になるよ。

❹ 接眼レンズをのぞいて、ピントを調節する。

❺ 接眼レンズを高い倍率のものと交換する。

クレーターが写った月面の写真。こんな写真も撮影できるかもね。　写真提供：八板康麿

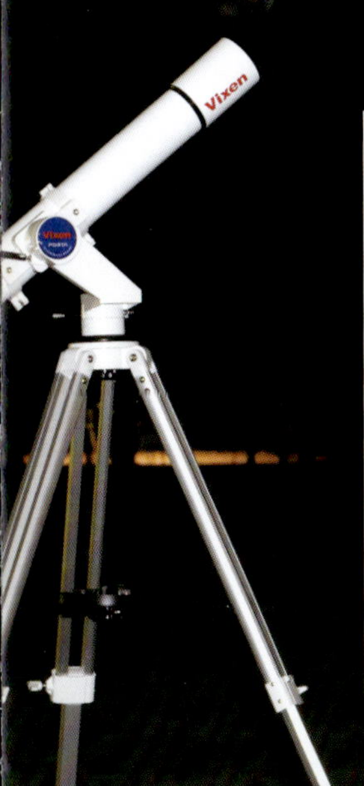

双眼鏡でも夜空を観察できる。7〜10倍のものが使いやすいけれど、家に双眼鏡があったら、まず使ってみよう。　写真提供：八板康麿

コラム

天体望遠鏡についてもっと知ろう

天体望遠鏡は、遠くにある星との距離をぐっと縮める道具だよ。レンズの種類により、屈折式と反射式（ニュートン式）の大きく２種類がある。どのような架台や接眼レンズを組み合わせるかで、使いやすさや観察のしやすさが変わる。

●天体望遠鏡の各部の名称

屈折式の例で見てみよう。
写真提供：ビクセン

ファインダー
接眼レンズ
鏡筒
架台
三脚
対物レンズ（屈折式）

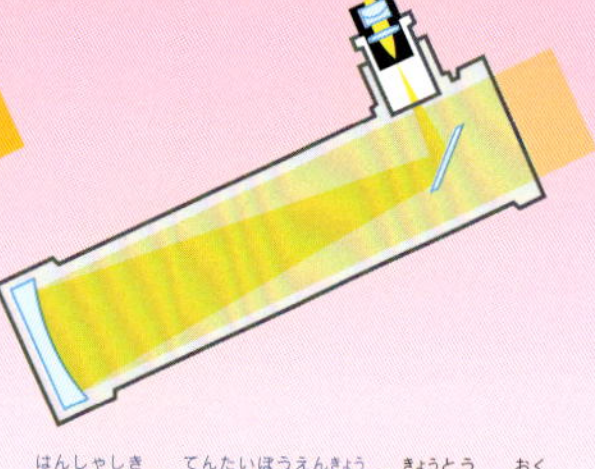

屈折式の天体望遠鏡●鏡筒の先に対物レンズ（凸レンズ）が付く。初心者でもあつかいやすいが色がずれて見えることがある。

反射式の天体望遠鏡●鏡筒の奥に反射鏡（凹面鏡）が付く。初心者にはあつかいづらいが、色ずれがなく、くっきり見える。

鏡筒……望遠鏡の筒の部分。
ファインダー……倍率の低い望遠鏡。目標の天体をおおまかにとらえるのに使う。
接眼レンズ……望遠鏡をのぞくところに付くレンズ。
架台……鏡筒と三脚をつなぐ装置。
三脚……望遠鏡を支えるあし。
対物レンズ……屈折式望遠鏡の鏡筒の先に付けられている光を集めるレンズ。
反射鏡……反射式望遠鏡の鏡筒の奥に付けられている光を集める鏡。
※望遠鏡の対物レンズや反射鏡の直径を、口径という。

●架台の種類

鏡筒と三脚をつなぎ、鏡筒の位置を変えるのに使う。経緯台と赤道儀の大きく２種類がある。

さあ、接眼レンズをのぞいてみよう！
写真提供：山田智子

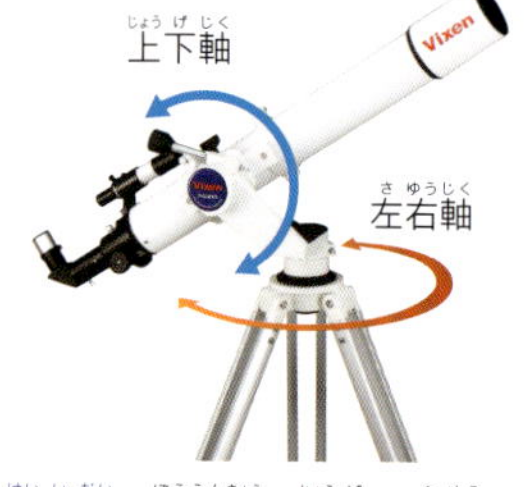

経緯台●望遠鏡を上下、左右に動かせる。操作はかんたんで、初心者向きだが、星が動いたときの調整に少し手間がかかる。
写真提供：ビクセン

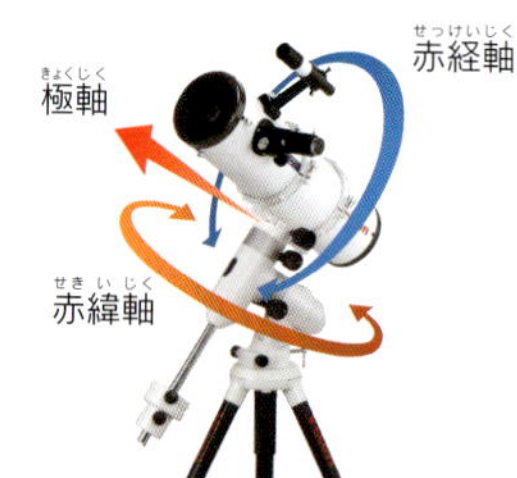

赤道儀●天体の動きに合わせて望遠鏡を動かせるので星が動いたときの操作がかんたん。モーターで自動的に天体を追いかけてくれるものもある。使いはじめるときの設定はむずかしい。
写真提供：ビクセン

●倍率と見えかた

天体望遠鏡は、レンズや鏡を使って光を集める装置。だからレンズや鏡が大きいほど、つまり口径が大きいほど、たくさんの光を集めることができ、天体は明るく、見やすくなる。小さい口径で倍率だけ高くしても、はっきりとは見られないんだ。

口径による見えかたのちがい●倍率を上げたとき、大口径（左）と小口径（右）では、見えかたがちがう。　写真提供：ビクセン

●倍率は変えられる

接眼レンズを交換すると、倍率を変えることができるよ。

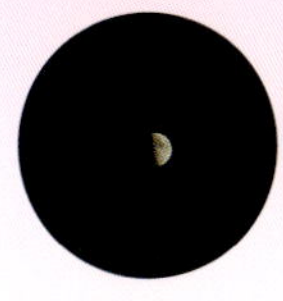
双眼鏡７倍

望遠鏡40倍

望遠鏡150倍

倍率を変えて月を見てみた。　写真提供：八板康麿

倍率の出しかた●接眼レンズにある数字は焦点距離を示す。天体望遠鏡のレンズの焦点距離を接眼レンズの焦点距離で割ると、倍率を出すことができる。　写真提供：ビクセン

接眼レンズ

たとえば……焦点距離800mmの天体望遠鏡の場合、焦点距離20mmの接眼レンズをはめたときには［800÷20=40倍］になるよ。

●写真を撮ってみよう

天体望遠鏡にカメラをつければ、夜空の写真を撮ることもできるよ。月や惑星の写真は、星の撮影のなかでは比較的かんたんにできるから、挑戦してみよう。

夜空の写真を撮る、この本の写真を担当した八板康麿さん。
写真提供：八板康麿

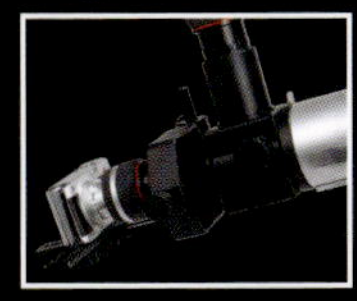
コンパクトデジタルカメラ用アダプターを天体望遠鏡にとりつけた例。家にあるデジタルカメラを店に持っていき、店員さんに相談してみよう。　写真提供：ビクセン

観察したい日づけと時間に、星座早見盤の目盛りを合わせる。写真提供：八板康麿

自分が見たい星座の方向を向いて、星座早見盤と見くらべる。便利だけれど、惑星はのっていないよ。　写真提供：八板康麿

Q99. 惑星が星座早見盤にのっていないのは、なぜ？

夜空を見上げて星座をさがすとき、「星座早見盤」があると便利だよね。シートを回して日づけと時間を合わせると、その日時に見られる星座が表示される。星空の観察に欠かせない道具だね。
ところが星座早見盤には、惑星はのっていない。惑星の金星や火星などは、明るい星として知られる「おおいぬ座のシリウス」や、「オリオン座のリゲル」などよりも、ずっと明るいし、都会の空でもよく見えるのに、どうしてだろう？
それは、太陽系の惑星は、星座の星々よりも、地球に近いところにあるからだ。あまりに近くにあるために、1日に動く距離が大きすぎて、星座早見盤にはおさまらないんだ。ほら、たとえば電車や自動車の窓から外をながめたとき、遠くの山はずっと見えていても、近くにある建物はどんどん動いて見えなくなってしまうよね。それと同じことが、太陽系の惑星にも起こっているんだよ。
そのうえ惑星は、それぞれ動きかたがちがう。そのため、星座早見盤にはのせにくいんだ。これも、距離が近いところにあるから、起こることなんだよ。
だから、夜空で惑星をさがしたいときは、天文雑誌などで調べたり、インターネットで国立天文台のウェブページを見てみたりするといいよ（→47ページ）。

2012年6月6日に撮影された、金星の太陽面通過。このときは、6時間37分ほどかけて通過した。　写真提供：八板康麿

Q100. 惑星が太陽を横切るのは見られる?

見られるよ。惑星が太陽の前を横切ることを、「太陽面通過」とか「日面経過」とよぶ。太陽の前を横切るように見える惑星は、水星と金星の2つ。なぜ2つだけかというと、太陽と地球の間にある太陽系の星は、水星と金星だけだからだ。
太陽面通過は、太陽、水星または金星、そして地球が、一直線にならんだときにだけ見ることができる現象。まぶしく光りかがやく太陽が背景にあることで、光を発していない水星や金星の姿が、黒い影として浮かびあがるんだね。
水星の太陽面通過は、最近では2003年、2006年、2016年に起こっている。
金星の太陽面通過は、2004年と2012年にあったけど、その前は1882年で、なんと100年以上も昔のこと。金星の太陽面通過はほんとうにめずらしいんだ。
水星のほうがよく起こるのは、水星のほうが金星より公転速度が速いからだよ。
水星の次の太陽面通過は2019年11月。ただし、日本では夜に起こるので見られない。日本で昼間、見られるのは、さらに13年後の2032年11月7日。
ちなみに、金星の次の太陽面通過は、約100年後の2117年12月11日だ。
太陽面通過を観察するときは、日食と同じように、天体望遠鏡と太陽投影板や、穴を開けた厚紙と紙など使う方法（→Q94）で、目を傷めないようにすること。

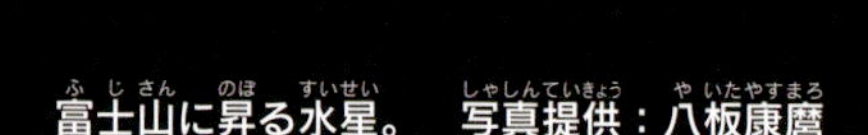

富士山に昇る水星。　写真提供：八板康麿

Q101. 水星は空のどこに見えるの？

水星は、見るのがむずかしいよ。太陽系の惑星でもっとも太陽に近いところにあるため、空に昇っていても太陽の光にかき消されてしまうし、太陽と動くコースが似ていて、太陽がしずむと、水星もまもなくしずんでしまうからだ。

でも水星は、見えていれば明るい星で、望遠鏡がなくても見ることができる。

水星を見たいのであれば、夕方なら、太陽がしずんだすぐあとの西の低い空を、明け方なら、太陽が昇ってくる前の東の低い空を見よう。

少しでも見やすい日を選ぶのであれば、水星が太陽からなるべくはなれている日を調べよう。とくにおすすめなのは、夕方なら「東方最大離角」といって、水星が太陽から東にもっともはなれる日。明け方なら「西方最大離角」といって、水星が太陽から西にもっともはなれる日。この2つの日は、インターネットでも調べられるし、科学館やプラネタリウムで教えてもらうこともできるよ。

見る場所は、できるだけ地平線の近くが見えやすいのが条件。水星は低い空にあらわれる星なので、建物や木があるとじゃまになってしまうからね。

空高くに上がった水星を見るなら、皆既日食（→Q94）のときがチャンスだ。太陽に注目するだけではなく、暗くなった空にかがやく水星もさがしてみよう。

Q102. 金星の明るさは一定じゃないって、ほんと？

金星が明るく見えるのは、まわりをおおう濃硫酸の雲が、太陽の光をよく反射するからだ（→Q36）。その明るさは、太陽系の惑星のなかでナンバーワン！
でも金星の明るさは、いつも同じではない。金星は地球よりも太陽系の内側にあるため、金星が太陽の手前にあって、地球との距離が近ければ、明るく見えるし、太陽の向こう側にあって、地球との距離が遠ければ、暗く見えるからだ。それに、月のように、満ちたり欠けたりもしている（→Q103）。月と同じで、満ちているときは明るいし、欠けているときは暗くなるというわけだ。
そんなわけで、金星は、もっとも明るいときには－4.7等級ぐらいだけれど、もっとも暗いときには－3.9等級ぐらいになる。でも、暗いときでも、ほかのどの惑星よりも明るいけどね。
ところで、その星のもっとも明るいときの明るさを「最大光度」とよぶ。金星の最大光度である－4.7等級というのは、1等星の100倍以上の明るさだ。これだけ明るいと、昼間でも肉眼で見ることができる。金星の最大光度の時期と方角を調べて空を見上げてみよう。青空の中に白っぽく見える星が見つかったら、きっとそれが金星だ。

金星は、暗いときでも、夜空でもっとも明るい星だ。　写真提供：八板康麿

天体望遠鏡でのぞいた、三日月状に欠けた金星。　写真提供：八板康麿

Q103. 金星も月のように欠けるって、ほんと？

図鑑などで見る惑星の写真は、まるいものばかり。欠けることなどないように思えるね。でも、惑星は太陽の光を反射しているだけで、自分で光るわけではない。だから月と同じで、その位置によっては、三日月や半月のように見える。ただし欠けて見えるのは、水星と金星だけ。火星は欠けないのに、金星は欠けて見えることがあるのは、金星が地球よりも太陽系の内側にある「内惑星」だからだ。地球よりも太陽系の外側にある、火星のような「外惑星」は、光の当たらない面が地球に向くことはない。一方、金星のような内惑星は、地球と太陽の間にあるとき、太陽の光が当たっていない面が地球に向いて見えなくなる。でも、地球から遠ざかっていくにつれて、光の当たる部分がだんだんと見えるようになるため、三日月のような形から半月のような形になっていく。そして、だんだんふくらんでいくけれど、まるくなると、今度は太陽の光にかき消されて見えなくなってしまう。しかし、太陽の後ろを通過すると、ふたたび姿を見せはじめて、今度は満月に近い形から、半月、三日月へと変化する。
あたりまえだけど、天体は、距離が近いほうが大きく見える。だから、遠くにある半月の金星よりも、近くにある三日月の金星のほうが、大きく見えるよ。

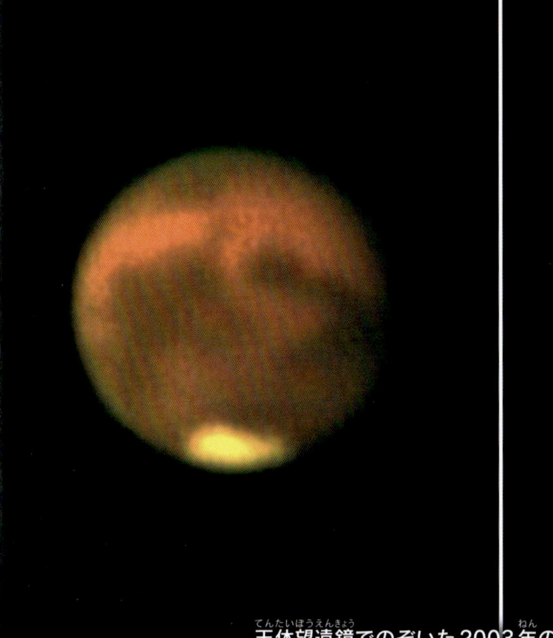

天体望遠鏡でのぞいた2003年の大接近時の火星（左）と2014年の小接近時の火星（右）。　写真提供：八板康麿

Q104. 火星を見るなら2年2か月ごとって、なぜ？

地球は、太陽のまわりを365日かけて回っている（→Q20）。ところが火星は、687日もかかる。なぜかというと、火星は地球よりも外側にあって、公転の軌道が長く、そのうえ、移動するスピードは地球よりもゆっくりしているからだ。地球と火星が、競技場のトラックで競争しているところを想像してみよう。内側のインコースは地球、外側のアウトコースは火星が走る。地球は足が速くて、しかも距離の短いインコース。火星は足が遅くて、距離の長いアウトコース。いっせいにスタートすると、地球のほうが先に太陽のまわりを回って1周し、まだ1周目を走っている火星を追いぬいて2周目を走る。この追いぬくときが、地球と火星の距離がもっとも近いときで、それが2年2か月ごとというわけ。この、もっとも近づくときのことを「接近」という。火星の軌道はだ円なので、火星が軌道のどこにいるかで、接近のなかでも、地球との距離が近いときと遠いときがある。いちばん近づくのが「大接近」で、このときの地球と火星の距離は約5800万km。でも、遠い「小接近」では約1億kmほどはなれている。大接近のときは、ふつうの接近のときより、さらに見やすい。次の大接近は2018年7月だ。天体望遠鏡でもふだん見づらい火星の模様も、よく見えるよ。

口径25cmの天体望遠鏡で見た木星。しま模様や大赤斑も見える。　写真提供：八板康麿

Q105. 木星のしまや土星の環は天体望遠鏡で見える？

惑星の写真を見ると、木星にはしま模様、土星には環があるね。それらの写真は、高性能のとても大きな望遠鏡で撮影したり、探査機が近づいて撮影したりしたものだ。でも、口径が８cmぐらいの天体望遠鏡を使えば、木星のしまや土星の環を見られる。口径が５cmの天体望遠鏡だと、木星の衛星や月のクレーターならだいじょうぶだけれど、木星のしまや環は、ぼんやりしてしまう。

どうして口径が大きいほうが、遠くのものが見やすいかというと、望遠鏡というのは、レンズや鏡で星からの光を集める装置だからだ。「口径」というのは、レンズや鏡の大きさのことだから、口径が小さいと、光をあまり集められなくて、暗く小さくしか見えない。たとえ接眼レンズの倍率を高くしても、そんなにはっきりは見えない。口径は大きいほど、見やすいんだ。でも、口径の大きい天体望遠鏡は、全体も大きく、あつかうのが大変。だから、天体望遠鏡を買うときには、まず、お店に行って、実物を確かめてからにしたほうがいいよ。

ちなみに今、日本やアメリカなどの５つの国が協力して、ハワイに「TMT」という望遠鏡を建設する計画がある。その口径はなんと30m。今までよりもずっと遠い、はるかかなたの宇宙の観察ができるようになると期待されているよ。

オリオン座の下側に、尾をひいてあらわれた「ふたご座流星群」の流れ星。　写真提供：八板康麿

Q106. 流星群やすい星は、どう観察するの？

流れ星を見るなら、「流星群」がおすすめだよ。流星群には「ペルセウス座流星群」、「ふたご座流星群」、「しし座流星群」などがあるけれど、それぞれ一年を通して見られる時期が決まっていて、近づくとニュースなどで報道される。流れ星を見るコツは3つ。1つめは、街灯などが少ない場所で見ること。はかない流れ星の光は、空が明るいと、かき消されてしまうからね。2つめは、「極大日」を選ぶこと。同じ流星群のなかでも、日によって流れ星の数が多い少ないがあり、数の多い日を「極大日」というんだ。3つめは、時間帯を確認すること。たとえば、毎年8月12日前後にペルセウス座流星群が見られるけれど、ペルセウス座はこの時期、明け方、東の空から昇る。昼間は太陽の光で見えないから、ペルセウス座流星群を見るなら、明け方の暗いうち、ということになる。一方、すい星（→Q58）は、夜空に止まって見える。でも、毎日見ていると、場所が変わったり、尾がのびたりするのがわかる。肉眼でも見られるけれど、双眼鏡や天体望遠鏡が使えたら、さらにいいね。すい星の軌道は変わりやすく、予想どおりに出現しないこともあるけれど、だいたいニュースになるし、流れ星とちがって何日も見えつづける。だからきっと、みんなも見られるよ。

富士山のはるか上空に見えたISS。シャッターが開いている時間を長くして撮影をしたので、飛んだ跡がすじ状になって写っている。　写真提供：八板康麿

Q107. 国際宇宙ステーションは地上から見られるの？

ISS（国際宇宙ステーション）（→Q85）が飛んでいるのは、地球の上空約400km。月や惑星よりもずっと近いところにあるけれど、大きさははるかに小さい。だから、形まではっきり見えるわけではないけれど、夜空を見上げれば、ISSを見ることができるよ。

実際に見えるISSは、明るい星のように見える。天体望遠鏡などの機材はなくてもだいじょうぶ。それに、決まったコースを回っているから、どのあたりを通るかをあらかじめ調べておけば、流れ星を見るよりもかんたんに見られる。JAXA（宇宙航空研究開発機構）のウェブサイトの【「きぼう」を見よう】というページには、その日の何時ごろにどのあたりを通るか、くわしく紹介されているから、ぜひ調べてみてね。

ISSが地球を一周するのにかかる時間は、たったの90分。飛行機よりも速いスピードで、すーっと夜空を横切っていく。動きが速いから、見えている時間はわずか数分。そして、空のはしのほうまでいくと、ふっと消えるように見えなくなってしまう。これは、地球の影に入るからなんだけれど、とつぜん消えてしまうことから、UFOにまちがえられることも多いんだって。

国立天文台（東京都三鷹市）での、小型望遠鏡による観望と、50cm公開望遠鏡を使った観望（枠内）のようす。　写真提供：国立天文台

Q108.「観望会」って、なにをするの？

「観望会」は、望遠鏡などで星を見る会だ。プラネタリウムや天文台が主催し、希望者を集めておこなわれる。夜空を見やすいように調整された、高性能の天体望遠鏡を使って、惑星をはじめとする夜空の星々を見るんだ。もし、それまで肉眼でしか夜空を見たことがなければ、きらめく星にびっくりすると思うよ。写真やパソコンの画面、プラネタリウムなどで見るのもいいけれど、自分の目で見るきれいな夜空にまさるものはないはずだ。観望会では、夜空に見えている星座や星の名前も教えてもらえるし、星のことが好きな人たちが集まるから、同じ話題でもり上がれて、趣味の合う友だちも見つかるかもしれないね。
観望会は、定期的におこなわれるものもあれば、すい星が近づいたときや月食や日食などの天体イベントのときにおこなわれるものもある。観望会に参加したいと思ったら、まずは近くのプラネタリウムや天文台に問い合わせてみよう。料金や事前の予約が必要かどうかは、施設によってちがうので、問い合わせたときに確認をするといいね。また、星空を見る観望会は、夜に開催され、星が見やすいように暗い場所でおこなわれることも多い。子どもたちだけで行くのではなく、かならず大人といっしょに参加しよう。

Q109. 天体観察におすすめの場所は？

星を見るなら、とにかく暗いところがいちばんだ。星の光は弱いので、街の明かりなどがないほうがたくさん見られるよ。
それから、できるだけひらけた場所がよい。山に星を見にいくのもいいけれど、木々にかこまれているような場所は、地平線の近くが見づらい。だから、山のほうにでかけるのなら、高原のような、ひらけたところをさがそう。
どこにでかけるか、まよったら、天文台をさがそう。天文台のあるところなら、観測のしやすい公園などが近くにあることも多いからだ。天体望遠鏡やミニ天文台があるような宿泊施設に泊まってみるのもおすすめだよ。それから、「星フェス」や「星まつり」などをさがしてみてもいいね。そのようなイベントをひらくようなところは、星を見るのにちょうどいい場所のはずだから。
ただ、どんなに条件のよいところでも、満月のときは、星を見るには不向きだ。月の光が強すぎて、星の光がかき消されてしまうからだよ。星を見るなら、月がまだ細い新月のころがいいよ。
そして、あたりまえだけど、でかけるときは、子どもたちだけではだめ。かならず、大人といっしょに行こうね。

街の明かりがないところでは、星がたくさん見える。右上に流れ星！　写真提供：八板康麿

コラム

プラネタリウムへ行こう！

プラネタリウムでは、いつでもきれいな星空を見ることができる。季節の星座のほか、太陽系や惑星、宇宙探査、宇宙のしくみのことなども知ることができて、遊びに行けば、きっと、宇宙となかよくなれるよ。

写真提供：コスモプラネタリウム渋谷

●天井に映しだされる夜空を見る

プラネタリウムは、まるい天井がまるごとスクリーンになっていて、部屋を暗くして、投影機で天井に夜空が映しだされる。星は、本物の夜空のように動いていくよ。それを背もたれがたおれる座席で、ながめるしくみだ。

オーロラなど、空で起こる現象も紹介するよ。

天井はドームのように曲線をえがいていて、本物の空と同じように星を見ることができるよ。（背景の写真）

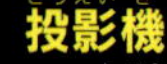

投影機

天井のスクリーンいっぱいに夜空などを映しだす機械。球形で、まるで本物と同じような星空を映しだすことができる。

●解説員の解説を聞く

プラネタリウムには解説員がいて、スクリーンに映しだされる星のことをはじめとして、いろいろなことをくわしく教えてくれるよ。内容は、その時期の夜空のことだったり、見られる天体現象だったり、毎日、ちがうんだ。

お客さんに、これから見せる内容について話す解説員（この本の著者の永田美絵さん）。その日のお客さんの顔ぶれを見て、どんな解説をするかを判断する。

頭の上に広がる夜空を見ながら、解説員の話を聞いていると、しぜんに星のことにくわしくなれるよ。

さくいん

さいごに

科学館で仕事をしているわたしは、そこにやってくる方々に、科学の話をする機会が多い。そんなとき、いつもわたしは、わたしたちがすんでいる世界を、科学の目でみると、たくさんの「ふしぎ」が発見できることを紹介している。
人間がふしぎに出会い、それがなぜなのか、理由をさがしだそうとする心は「好奇心」とよばれる。人間は、自分のすむ世界を意識したとき、かならずそこで「ふしぎ」に出会って、好奇心をはたらかせる。「科学」というものは、人類が好奇心をはたらかせて、自然を調べることで手に入れた「知識」から成り立っている。人間にとって、科学のはじまりは、「ふしぎ」との出会いにあるといえるのかもしれない。
ふしぎと科学の関係は、そこでおわりではない。人類がふしぎに出会って手に入れた知識で、あらためて世界をながめると、そこにはまた、新しい「ふしぎ」が発見されるからだ。科学の歴史をみると、科学が発展するにしたがって、人間はいつも新しい「ふしぎ」に出会い、さらに新たな知識を手に入れることで、発展してきた。
この本で学んだ科学の目を使って、だれかが将来、新たな「太陽系のふしぎ」に出会い、新しい知識をいくつも発見するかもしれない。「ふしぎ」と科学の発展の間にある、そんな関係にも、この本を読んで気づいてもらえたらと願っている。

多摩六都科学館 館長　**髙柳雄一**

【参考文献】
『天文年鑑2016年版』　天文年鑑編集委員会 編　誠文堂新光社
『理科年表 平成28年版』　国立天文台 編　丸善出版
『新版 星空のはなし―天文学への招待』　河原郁夫 著　地人書館
『月のきほん』　白尾元理 著　誠文堂新光社
『星座を見つけよう』　H．A．レイ 著　草下英明 訳　福音館書店
『星と伝説』　野尻抱影 著　偕成社
『おはなし天文学』（全４巻）　斉田博 著　地人書館
『コスモス』（上・下）　カール・セーガン 著　木村繁 訳　朝日新聞出版

【写真・画像提供】
NASA（アメリカ航空宇宙局）、NAOJ（国立天文台）、ESA（欧州宇宙機関）、清水建設株式会社、Tunc Tezel、国立国会図書館デジタルコレクション、USGS（アメリカ地質調査所）、ニューメキシコ大学、JSGA（日本スペースガード協会）、JAXA（宇宙航空研究開発機構）、株式会社クラブツーリズム・スペースツアーズ／ヴァージン・ギャラクティック社、株式会社大林組、日清食品ホールディングス株式会社、三菱重工業株式会社、株式会社ビクセン、コスモプラネタリウム渋谷

【撮影協力】
株式会社ビクセン、株式会社高橋製作所、中村元一、前田暁、中富萌音、刑部百香

監修／髙柳雄一（たかやなぎ・ゆういち）

富山県生まれ。東京大学理学部物理学科卒業後、東京大学大学院理学系研究科修士課程終了。NHK（日本放送協会）にて、おもに科学系教育番組、特集番組等をてがけ、チーフプロデューサーとして、「銀河宇宙オデッセイ」などのNHKスペシャル番組のシリーズを制作。1994年からNHK解説委員に就任。2001年9月に高エネルギー加速器研究機構教授、2003年4月から電気通信大学共同研究センター教授、NHK部外解説委員を経て、2004年4月より多摩六都科学館館長。小惑星No.9080にTakayanagiと名前を付けられている。『火星着陸』（NHK出版）など、著書・共著多数。

著／永田美絵（ながた・みえ）

東京生まれ。コスモプラネタリウム渋谷(渋谷区文化総合センター大和田内)解説員。大学やカルチャーセンターで天文の講演をおこなうほか、2000年よりNHKラジオ第1「夏休み子ども科学電話相談」の天文･宇宙担当回答者を務めるなど、「星の伝道師」として活動、星空のすばらしさを伝えつづけている。共著に『星と宇宙のふしぎ109』（偕成社）､『四季の星座ガイド』（新星出版社）､『ときめく星空図鑑』（山と溪谷社）、『ＮＨＫ子ども科学電話相談』『はじめよう星空観察』（ＮＨＫ出版）など、監修に『宙ガールバイブル』（双葉社）、『星座のはなし』（宝島社）など。東京新聞に「星の物語」執筆中。

写真／八板康麿（やいた・やすまろ）

東京生まれ。写真家。少年のころ、人類が初めて月に降り立ったアポロ11号の宇宙中継を見て、宇宙に興味を持つ。日本大学芸術学部写真学科卒業後、出版社勤務を経て、写真家に。数多くの写真展を開催。著書に『オリオン』『スプーンぼしとおっぱいぼし』（ともに福音館書店）、『オーロラ』『天空』『プロセスでわかるはじめての天体写真』『星でつづる・銀河鉄道の夜』（いずれも誠文堂新光社）、『星座・星雲・星団ガイドブック』（新星出版社）、『都会で星空ウォッチング』（小学館）など、著書・共著多数。1983年、日本写真家協会大賞受賞。1995年、日本絵本賞受賞。

イラスト提供／加藤愛一

カバー表紙デザイン・本文レイアウト・図版作成／西山克之（ニシ工芸）

編集協力／山田智子

校閲／川原みゆき

太陽系のふしぎ109

2016年12月1刷　2020年10月3刷

著　者　永田美絵・八板康麿
発行者　今村正樹
発行所　株式会社 偕成社

〒162-8450　東京都新宿区市谷砂土原町3-5
☎03-3260-3221（販売）03-3260-3229（編集）
http://www.kaiseisha.co.jp/

印　刷
製　本　大日本印刷株式会社

Published by KAISEI-SHA, Ichigaya Tokyo 162-8450
Printed in Japan
ISBN978-4-03-528510-6
NDC440 144p. 22cm

＊乱丁本・落丁本はおとりかえいたします。

本のご注文は電話・ファックスまたはEメールでお受けしています。
Tel: 03-3260-3221　Fax: 03-3260-3222　E-mail: sales@kaiseisha.co.jp